U0295417

雅
理

网络规制研究

一个批判的视角

沈伟伟 著

上海交通大学出版社
SHANGHAI JIAO TONG UNIVERSITY PRESS

图书在版编目（CIP）数据

网络规制研究：一个批判的视角／沈伟伟著.
上海：上海交通大学出版社，2024. 8 -- ISBN 978-7-313-
31660-8

Ⅰ．TP393. 4

中国国家版本馆 CIP 数据核字第 2024PA0284 号

网络规制研究：一个批判的视角
WANGLUO GUIZHI YANJIU：YIGE PIPAN DE SHIJIAO

著　　者：沈伟伟
出版发行：上海交通大学出版社　　　　地　　址：上海市番禺路951号
邮政编码：200030　　　　　　　　　　电　　话：021‑64071208
印　　制：上海盛通时代印刷有限公司　经　　销：全国新华书店
开　　本：880mm×1230mm　1/32　　　印　　张：6
字　　数：114千字　　　　　　　　　　插　　页：1
版　　次：2024 年 8 月第 1 版　　　　　印　　次：2024 年 8 月第 1 次印刷
书　　号：ISBN 978‑7‑313‑31660‑8
定　　价：59. 00 元

序言

　　网络规制，并不是一个自然而然伴随网络而出现的现象。事实上，早期互联网最重要的思潮，与网络规制背道而驰，学理上通常称之为互联网无政府主义。大家最熟悉的互联网无政府主义论述，出自约翰·佩里·巴洛（John Perry Barlow），那是 1996 年，他的呐喊，放在如今是多么不合时宜。

　　"工业世界的政府，你们这些肉体和钢铁的巨人，令人厌倦，我来自网络空间，思维的新家园。以未来的名义，我要求属于过去的你们，不要干涉我们的自由。我们不欢迎你们，我们聚集的地方，你们不享有主权。"[1]

　　的确，信息具有流动性，点对点无视障碍传递信息的能力，是最早嵌入互联网去中心化设计的特征之一。正因此，在互联网无政府主义者看来，网络空间的自由和自治，不但超越国界，甚至还独立于国家主权。就像古代的武林江湖或是大航海时代的海洋一样，这是一片国家权力无力触及的疆域。无怪乎有学者将互联网视为超越民族国家的独立空间，而那些编写网络规则的程序员们，就是网络空间的立法者。[2]

反过来想，如果规制的最终目标是实现网络空间的秩序，难道就一定要依赖法律意义上的规制？正如美国法学家罗伯特·埃里克森（Robert Ellickson）所指出的，如果自发形成的社会规范能够在某些语境下帮助群体克服集体行动困境、促成有效社会合作、实现社会福利最大化，那么法律此时就不应寻求介入，一言以蔽之——"秩序无需法律"。在实践中，无需法律的网络秩序，甚至得到当时美国政府的认可。经典表述出自克林顿政府首席技术政策顾问迈格辛纳，"短期内，互联网技术将使主权国家的信息控制变得更加困难；而长远来看，互联网终将摆脱主权国家的干预"。[3] 急于推行其互联网产业施政纲领的克林顿本人也开玩笑道：政府控制互联网，就如同"把果冻钉在墙上"一样困难。[4]

然而，随着互联网的商业化和大众化，互联网单靠自治已经无力自持，其稳定性和安全性受到黑客威胁，其内容和服务也不断被不法分子所利用，尤其是黄赌毒和盗版内容。此时，秩序需要法律，于是，国家权力应时介入。20 世纪末，以杰克·古德斯密斯、吴修铭、劳伦斯·莱斯格、乔纳森·齐特林为代表的现实主义者们，站出来批判互联网无政府主义，他们主张网络空间和现实空间并无本质差别，国家终将介入互联网治理——尽管这几位学者在如何治理这一问题上存在分歧。[5]

这场二十多年前的论战，最终以事实上国家通过法律权威不断强化网络规制而告一段落——类似暗网这种法外之地依然存在，但与早期互联网相比，其规模早已微不足道。时至今日，除了极少数激进分子以外，没有人会完全否定网络规制的必要性。网络法问题意识的焦点也从"要不要网络规制"转化为"如何进行网络规制"。

起步较晚的我国网络法研究恰恰是在这个时间点切入的，因此，"如何进行网络规制"从一开始就成为我国网络法学者直面的问题意识。

但作为一个法学与计算机学科深度交叉的新兴领域，由于缺少早期网络规制理论和实践的探讨与沉淀，加之网络技术更迭过于迅速（相较于其他法律问题），国内不少网络规制研究，要么受限于自身部门法研究的路径依赖，要么对互联网技术发展不够敏感。一方面，这很容易陷入法学理论讨论的思维定式，热衷于创造新名词却缺乏实证支持和实质分析，沦为一场为赋新词强说愁的概念游戏，常常都还没来得及造出"甲乙丙丁说"，其新词理论就已经被技术革命所超越。更有甚者，一些研究者在外国文献或者技术流行语中找某个词，不加分析，不顾逻辑，也无须经验论证，朝着主题一路"裸奔"，就形成一篇文章甚至一本书。[6] 另一方面，在技术和产业高速发展的情况下，九龙治水、热热闹闹的网络规制实践常常难以避免"一放就乱、一管就死"的局面；而互联网大量的"非法兴起"现象，更是让网络规制实践本身陷入各类尴尬处境。夸张一点说，法治化号角已经吹响多年，没想到在互联网语境下，遭遇了新的实践困局。这些现象背后，折射的都是网络规制的迷思。

本书集结的文章，其写作对象就是针对这一系列迷思，篇幅所限，本书将集中处理如下六个迷思：代码规制、算法透明、平台责任、信息匿名、文化生产、数据治理。这几个部分，大概是我近五年来网络法研究的一个小集结。比起五年前，如今的网络规制研究已从法学研究的边缘走向中心，翻开主流法学期刊，很难碰到一期刊文与"数字""信息""数据""网络""人工智能"这些词毫不沾边。可是，数量上去了，质量是不是也相应提升，恐怕还要打个问号。糟糕的是，读者有时候也被套笼，眼界日渐狭窄，常常捡个迷思当宝贝。写作这本书部分章节的缘起，就是顺着一些网络规制的迷思，做一些理论批判。

当然，比起建构，批判总是更容易，这本书的理论抱负也远远不够。而将这些主题不尽相同、研究方法迥异的文章，集结成册出版，也讲不出什么冠冕堂皇的由头。不期谬赞，只期更多对批判的批判。

2024 年 3 月

注释

1. 参见［美］约翰·佩里·巴洛：《网络独立宣言》，李旭、李小武译，高鸿钧校，载《清华法治论衡》（第 4 辑），清华大学出版社 2004 年版，第 509 页。

2. David Johnson and David Post, "Law and Borders—The Rise of Law in Cyberspace", 48 *Stan. L. Rev.* 1367, 1387－1391（1996）; David Post, "Against 'Against Cyberanarchy'", 17 *Berkeley Tech. L. J.* 1365（2002）.

3. Ira C. Magaziner, Progress and Freedom Found., "Creating a Framework for Global Electronic Commerce"（July 1999）, http://www. pff. org/issues－pubs/futureinsights/fi6. 1globaleconomiccommerce. html.

4. President William J. Clinton and Vice President Albert Gore, Jr., "A Framework for Global Electronic Commerce"（1997）, https://clintonwhitehouse4. archives. gov/WH/New/Commerce/read. html.

5. Jack Goldsmith and Tim Wu, *Who Controls the Internet? Illusions of a Borderless World*, Oxford University Press, 2006, Chapter 1, p. 6, 10.

6. 苏力：《要一点理论自信（代序）》，载于明：《司法治国：英国法庭的政治史（1154—1701）》，法律出版社 2015 年版，第 3 页。

目　录

第一章
何为代码规制

网络规制领域最核心的问题在于：如何规制？法学理论往往有着注重法律规范研究的传统，这一点无可厚非。但是面对日新月异的技术变革，这一思路遭遇到前所未有的挑战。这一挑战的经典论争，是 20 世纪末的马法之辩。当时，以弗兰克·伊斯特布鲁克（Frank Easterbrook）为代表的一派法学家，质疑网络法存在的必要性。他认为法学界之所以不需要专门治理马的马法（the law of the horse），是因为马匹交易有合同法、对马造成损害有侵权法……一般性法律足以应对与马有关的法律问题。[1] 那么，既然我们不需要一部专门治理马的马法，为什么还需要一部专门治理网络的网络法呢？[2]

对于这个问题的回应，最为直接有力的论述，出自美国网络法的奠基之作《代码：网络空间中的法律》（以下简称《代码》）。这本著作的作者是哈佛大学法学院劳伦斯·莱斯格（Lawrence Lessig）教授。

如果非要用一个最精练的、近似微博标签的词组来概括

《代码》[3] 一书，那就非"Code is law"莫属。[4] 莱斯格因提炼这一说法而声名鹊起，但在这一说法本身被留存的同时，莱斯格的相关论述却被有意无意地疏远，以至于今天有些讨论常常曲解这句话的原旨。

事实上，英文单词"Code"一语双关，既指律令法典，又指电脑代码。这样一来，"Code is law"便具备了双重意涵：东海岸国会山议员编纂的律令法典（Code），规制着互联网；西海岸硅谷程序员编写的电脑代码（Code），同样规制着互联网。

当然，与律令法典不同，电脑代码规制互联网，不是通过官僚制度，而是通过架构（Architecture）。[5]

如何通过架构规制呢？莱斯格举了一个极其接地气的例子。在现实空间，为防止校园道路上机动车超速，传统法律规制的处理方式是道路交通法规、立警示牌、派驻巡警、行政或刑事处罚等。但法律规制成本较高，效果却未必很好。于是，实践中出现一种法律之外的规制方式：加装减速带。如果司机超速穿越减速带，颠人肉疼，颠车心疼，通过这一物理设计上的改变，来限制司机的超速行为。这便是莱斯格所说的架构规制。在超速管制这个例子中，架构规制比法律规制成本更低，效果更好。

现实道路可以如此，那么，在网络空间的信息高速公路上，我们能不能采取架构规制呢？莱斯格的回答是肯定的。互联网信息交互，本质上是信道中的数据包交换（Packet

Switch）。在互联网信道上设置减速带，比现实空间更容易实现。比如，若要保证电信流量套餐超过 20G 后限速，运营商所需要做的，仅仅是在服务器程序中加上一小段代码［类似 "if（data usage>＝20gb），then（bandwidth<＝X kb/s）"］。与之类似，不少学校或公司通过服务器端的代码设置，禁协议，堵端口，限制挤占带宽的应用程序。

除速度限制之外，由于网络空间的可塑性，架构规制有着更宽泛的应用空间。举一个更日常的架构规制实例——网约车的虚拟号码。起初，网约车平台为方便乘客与司机互相联系，双方号码在彼此客户端明文呈现。这类设计存在隐患：司机或乘客有可能滥用对方手机号，引发一系列骚扰报复等司乘纠纷。事后法律规制，成本过高，对平台影响也不好。于是，平台动起了架构规制的脑筋——虚拟号码技术。司乘通过平台随机生成的虚拟号码彼此联络。虚拟号码的最大亮点，便是阅后即焚。通话结束之后，任何一方便无法通过同一号码再次联系对方，保护彼此隐私安宁，避免事后司乘纠纷。在上述几个例子中，架构规制比法律规制更奏效。

正因为代码在网络规制中的重要性，网络法研究需要技术的视角。

网络法研究者不懂技术，无异于瞎子谈书法、聋子论音乐。一则广为流传的轶事，讲的是莱斯格早年在美国最高法院实习时，曾嫌弃当时最高法院所采用的文字处理软件，并在斯卡利亚、奥康纳和苏特面前现场演示，说服这三位大法官采用他亲手编程的新软件。[6] 莱斯格之所以能够洞悉技术的规制意涵，并且在理论上重构网络空间治理的范式，都与他对技术的熟悉密切相关。我们也就不难理解，《代码》一书所体现的研究视角及其对研究对象的把握，无不渗透着作者的技术洞见。莱斯格与当时大部分法学家的区别在于：后者仍是从法理分析出发研究网络规制问题，因此技术问题要么居于研究视野之外，要么被搁置在一个从属位置；而莱斯格的一切思考，出发点首先就是技术架构的可塑性。

也正因此，《代码》对互联网技术演变和由此引发的规制回应，做出了更具理论颠覆性的解析，甚至初看起来没那么法学。这对于置身数字时代、"身在庐山中"的读者而言，足以形成眼前一亮的阅读体验。这种眼前一亮的体验，并不意味着《代码》拥有着百科全书式的信息，也不意味着《代码》提供了严丝合缝的论证，而在于它指明了一条理解网络法，甚至互联网社会的全新思考进路。这一思考进路，最直观、犀利的表达，便是"Code is law"：技术规制网络空间，进而法律可以通过影响技术来规制网络空间。[7] 这一理论视角颠覆了传统法学的规制理论，强调互联网规制既需要法律意义上的 Code，也离不开代码意义上的 Code。尽管这无疑会增加网络规制研究的复杂性，但对于极大依托于技术代码的网络规制，这种复杂性非但是有益的，在绝大多数情形下，甚至是必需的。

举例来说，在《代码》第十章中，莱斯格对网络版权规制的分析，尤其在涉及 P2P 技术讨论的章节，引发了很多中国读者的共鸣。的确，早年在互联网横行无忌的盗版音乐、影视作品，充斥各大点播平台、P2P 共享和云储存，在最近几年，共享盛宴（或曰盗版盛宴）不复当年。按照莱斯格的视角，其原因并不在于版权立法的突飞猛进，或是版权执法的天降神兵。恰恰相反，本本上的法律，对付大规模网络版权侵权，尤其是"人人为我，我为人人"的 P2P 共享技术，无异于"高射炮打蚊子"，解决不了实际问题。到头来，还是得倚仗技术——数字版权管理技术、侵权监测技术、数字水印、数字指纹、IP 地址监控、地理屏蔽等等。于是，"应版权方要求，文件无法下载""任务包含违规内容，无法继续下载""此链接分享内容可能因为涉及侵权、色情、反动、低俗等信息，无法访问"……这些网民熟知的版权警示，表面上"法言法语"，背后其实是代码的功劳。

由此我们可以看出，莱斯格所强调的网络规制理念，在很大程度上克服了以往分析中对互联网治理的狭隘理解，帮助我们以更宏大的视野来分析网络规制问题。他所提出的代码规制理念，已成为当下主流。大家碰到棘手的网络规制问题，通常会先问："这个问题，能不能用技术解决？"再会问："法律能不能通过影响技术来解决问题？"其背后的逻辑，莱斯格早在二十五年前便点破了：Code is law。这句话放在当下只是陈腔滥调，但在二十五年前，便是石破天惊。

假如《代码》的理论建构，就到"Code is law"为止，那么，本书也不失为一本佳作，本篇书评也可就此从容收尾。可是，莱斯格并没有满足这一描述性结论，而是进一步在制度层面探索其互联网规制的理论，并在技术代码和法律之外，结合他以往对规制理论的思考，提出网络规制"四要素"理论，即网络空间的行为由四要素合力规制，它们分别是：法律、架构、市场和社会规范（详见《代码》一书第七章）。正是基于网络规制"四要素"理论，《代码》几乎以一己之力，构建起后世网络法的研究框架，佳作成为经典。

回顾之前的网络法著作和文章，无一具备《代码》的视野和深度。而之后的主流网络法学者，几乎无一例外地受到《代码》的影响，带入技术、市场和社会规范的多元视角。这些讨论，在当下看来很自然，但实际上是拜此书所赐。换句话说，当今网络法研究的"主流"，是当年此书开出的"野路子"。其中，两处贡献尤其重要。一是"Code is law"这一描述性论断。现在，学者们常常结合技术来研究网络规制，这个思路早期最透彻的论证便源自《代码》。二是"四要素"理论这一分析性框架。这么多年来，"四要素"理论框架从未被超越。正是借助这一研究视野，当代学者们才能更系统地理解：谁在规制网络？怎么规制？规制背后受到哪些力量的约束？[8]《代码》这两个贡献，开风气之先，奠后世格局。

总而言之，《代码》一书描述了人类社会进入网络时代的大转型，以及伴随着这个过程的规制范式的变化。这一转型进程至今远未结束，因此，我们时常能感觉到，《代码》的分析范式直指当下的网络规制问题。举例来说，虽然当下社交平台的网络内容已经与传统网络内容大相径庭，但"四要素"理论框架依然适用于平台内容管制分析。除了法律之外，社交平台采取大量技术手段、市场手段和社群规范手段来管理平台内容。并且，随着技术的发展，代码规制变得更加多样化，从以往简单的关键词过滤，到如今降低可见度、人工智能分级分类、账号限制等精细化技术限制。而这些新一代的网络法学者们，都毫不意外地援引了《代码》，使用了"四要素"理论框架。[9] 就此而言，当我们站在二十五年后的今天，审视《代码》这部"古籍"，我们可以断言：它仍未过时。

网络规制"四要素"的缘起与挑战

有关"Code is law"，前文已做阐释。下面谈谈网络规制"四要素"理论。在此，我们有必要稍做迂回，考察"四要素"理论的缘起及其在20世纪90年代的美国法学研究谱系中的地位，这也将有助于我们更好地把握莱斯格的论证逻辑，进而提示似乎一直被中国网络法学界忽视的理论脉络。

从理论谱系上看，网络规制"四要素"理论的渊源，可以追溯到20世纪初兴起的法律现实主义。当时，以霍姆斯为代表的法律现实主义者，依托不断壮大的社会科学的实证研究方法，在理论层面上强调社会规范、市场、文化、权力、意识形态等因素对法律实际运作（Law in Action）的影响。[10] 90 年代初，罗伯特·埃里克森所著的《无需法律的秩序》一书，是法律现实主义的集大成之作。该书通过考察美国西部夏斯塔县牧民的纠纷解决机制，得出一个在法学界颇为反动的观点：在维持社会秩序的过程中，社会规范与法律同等重要，甚至比法律更重要。[11]

五年后，莱斯格发表《社会意义的规制》一文，从法律、社会规范和架构角度，提出自己的多元社会规制理论。[12] 这篇文章是时为芝加哥大学法学院教授的莱斯格，讨论社会规制理论最深刻的一次努力。而在这次努力中，莱斯格或多或少受到他在耶鲁的老师埃里克森影响，他沿袭法律现实主义，不拘泥于法律文本，而是将法律置身于具体的社会历史语境中考察。在 1998 年的另一篇文章中，莱斯格采用了一个开宗立派式的标题："新芝加哥学派"（The New Chicago School），首次完整提出社会规制"四要素"：法律、社会规范、市场和架构。[13] 该文融合多元视角并强调法律规制能动性的研究旋律，我们可以在他其后的网络法著述中不断听到回响。莱斯格的"新芝加哥学派"特色鲜明：与其他法律现实主义者一样，"新芝加哥学派"拒斥法律中心主义，将其他规制要素纳入研究范畴；同时，又有别于轻政府、重市场的"老"芝加哥学派，"新芝加哥学派"在规制理论建构上更接近政治自由主义，强调法律规制的能动性和政府干预的必要性。

了解这一理论脉络后，我们再来考察网络规制"四要素"理论。细心的读者稍作对比便不难发现，它是莱斯格的社会规制"四要素"理论在网络空间的变体。可谓旧瓶装新酒。因此，与其说莱斯格的网络"四要素"理论反映了网络法理论的突破性进展，不如说是他将早年的社会规制"四要素"理论引入网络规制分析的一次尝试。尤其考虑到美国社会科学自身的实用主义（Pragmatism）和技术治理（Technocracy）传统，[14] 把社会规制"四要素"理论放在互联网这一更为强调技术治理的现实情境中，也就更加顺理成章了。而美国 90 年代互联网技术实践的突飞猛进，更是为这一理论打下了技术烙印，也让这类兼具实用主义传统和技术敏感导向的理论体系，很容易地在美国的土壤中扎根成长。当我们把目光投向美国之外的西方学术界时，将毫不意外地发现，欧洲各国发展起来的网络法理论，采取了截然不同的进路。[15]

这是"四要素"理论的缘起，下面再谈谈挑战。

不可否认，莱斯格吸纳了法律之外的架构、市场和社会规范三个规制要素，比起法律单打独斗，"四要素"理论在回应网络规制问题时，具有更大的解释力。当然，代价就是更复杂的理论争议和实践挑战。

首先，我们回到"Code is law"。这一表述恰恰折射出莱斯格将早期社会规制"四要素"理论嫁接至网络规制领域所带来的错位。原先社会规制"四要素"使用的概念是架构，而《代码》一书中，代码一词作为标题，是全书真正具有理论活力和分析意涵的核心概念。在《代码》中，"Code is law"而非"Architecture is law"。由于莱斯格将现实空间的架构规制与网络空间的代码规制对照使用，在修辞上，《代码》有意无意地给读者造成一种错觉：代码等同于架构（第122—125页）。[16]

然而，"代码"与"架构"毕竟不一样。"架构"内涵更宽泛，它既包含编程算法，也包含互联网的物理架构。换言之，代码所指的架构仅仅属于前者，然而，互联网从诞生开始，就不只是纯粹的0和1的代码世界，撑起代码世界的，还有现实空间的物理基础设施，而针对后者，代码规制这一说法很难称得上严谨自洽。而这一概念辨析并非吹毛求疵，它对我们思考网络规制的意义重大。《代码》所强调的代码规制的特征分析，并不完全适用于互联网物理架构。[17]莱斯格在这对概念上的模糊，如今更值得重视。这是因为近年来网络空间与现实空间加速交融，以往那些只需借助代码即可实现规制的问题，现在不得不与物理架构（尤其是数字基础设施）结合起来考量，而当下热度颇高的物联网（Internet of Things），也只会让这一挑战变得更加值得重视。或许也正因为这一概念上的错位，有些学者索性抛弃"代码"和"架构"这两个被过度符号化的概念，而直接代之以

"软件"（Software）或"算法"（Algorithm）。[18]

莱斯格是在人工智能大规模使用之前写的《代码》，因此"Code is law"的前提是：代码能为规制者所用，作为规制网络空间的工具。如今，哪怕是对人工智能技术最乐观的学者，恐怕也不会完全认同这一前提。这是因为人工智能相关技术（尤其是强化学习、神经网络、生成式人工智能）的发展，挑战了这一前提：代码有可能脱离规制者的控制——它可能挣脱，可能反叛，可能对抗。也恰恰在此意义上，莱斯格在耶鲁的另一位老师杰克·巴尔金用他惯常的戏谑口吻调侃道：Code is lawless（代码就是无法无天）。[19] 毕竟，人工智能时代，代码不但可以作为工具，帮助我们认识世界、改造世界，甚至代码也可以是本体，是世界本身，一旦失控，秩序何以可能，这是技术实践带给理论创造的新难题。

其次，四要素的互相转化和流变，是该理论需要面对的另一个挑战。

广义上的规范包括法律、习俗、社会规范等，而它们之间的界限是变动的，可能并存共振，我们很难严格区分它们中的哪一种发挥作用。[20] 在网络法情境下，《代码》论及的法律和社会规范，随着网络的复杂化和多样化，也不断发生碰撞和交融，边界趋于模糊。甚至，四要素之间可能互相转化。尤其是社会规范这一要素，几乎照亮所有规制问题的死角，因为文化、宗教、意识形态，甚至法律、市场、技术等要素，都可能被纳入"社会规范"。[21] 例如，如今耳熟能详的通知删除制度、反通知制度，可以看成是网络 BBS、聊天室等在早期"提醒版主删帖"和"用户投诉建议"这类社会规范的制度化。[22] 而这些具体的法律规定，在互联网出现之前的传统法中，无论是侵权法的过失责任，还是财产法的知识产权保护，即使曾出现过，也没有足够条件施行。这是社会规范向法律的渗透和转化。是法律，还是社会规范？很难说。反过来，互联网法律实践、技术设计的操守、商业习惯和礼仪，也无时无刻不在重塑网络社区的社会规范。动态流变之中，它们到底是属于社会规范，还是属于其他要素？也很难说。这不禁让人想起马克·图什内特（Mark Tushnet）的批评：在经典社会学理论面前，所谓"新芝加哥学派"的社会规制，一是没那么"新"，二是经不起仔细推敲。[23]

莱斯格不可能不清楚四要素转化与流变的问题所在，但《代码》第一版并未作过多阐释。当然，这一点并没有躲过批评家的眼睛，于是，在第二版增补的附录中，针对"四要素"理论的这一软肋，莱斯格引入主客观视角回应与澄清（第 340—345 页）。但莱斯格也只是寥寥几笔，点到即止。这与其说是本书的一个遗憾，不如说是其社会规制理论本身的困境。

二十五年的变迁

《代码》的现实素材集中在世纪之交，这正好为站在二十五年后的我们，创造了一个绝佳的观察互联网变迁的机会。取二十五年前后两个时间节点对照，我们可以看出一条脉络：互联网由"低法治"向"法治化"的转变。

正如莱斯格在《代码》第二版前言中所提到的："第一版诞生于一个与如今大相径庭的时代，而且，在许多方面，它与当时的时代背景格格不入。"

莱斯格在这里想表达的是，今时不同往日，第一版成书之际，谷歌的佩齐和布林尚未从斯坦福退学，脸书的扎克伯格还在守候他的犹太成年礼，互联网方兴未艾，网络空间处于典型的"低法治"状态。[24] 就像埃里克森描述的美国农村一样，互联网有着自身独特的社会规范体系，即便这些规范体系确有法律的一席之地，但我们也不得不承认，法律与社会规范经常纠缠不清，甚至处于事实上的边缘地位。[25]

正因此，当早期互联网先驱约翰·佩里·巴洛吹响网络无政府主义号角的时候，当时的人们丝毫不会像后人一样感到诧异："工业世界的政府，你们这些肉体和钢铁的巨人，令人厌倦，我来自网络空间，思维的新家园。以未来的名义，我要求属于过去的你们，不要干涉我们的自由。我们不欢迎你们，我们聚集的地方，你们不享有主权。"[26]

区离皇土，僻居郊野，当时的互联网好像武林江湖，"自己的圈子，自己人料理。江湖有江湖的正义和规矩，王法不王法，民国不民国，都无关紧要。"[27]

的确，在90年代的互联网，加密与破解、漏洞与补丁、赏金与复仇、暴力侵入与逆向工程，全都游走在法律边缘。最典型的例证，当属早期十分流行、至今仍有影响的"黑客赏金"制度。黑客凭借技艺，发现漏洞，破解软件，侵入系统。互联网的江湖规矩是：软件开发者甘拜下风之余，对于此类"违法"行为，非但不诉诸法律，财力雄厚者甚至会重金犒赏黑客。[28]

也正是在这个江湖中，诞生出许多惩恶扬善的英雄黑客。乱世出英雄，反之，全都法治化了，国家包办纠纷解决，英雄非但没了用武之地，还可能被倒打一耙。亚伦·斯沃茨（Aaron Swartz），便是如此。事情的起因是学术论文网站 JSTOR 垄断论文版权，并高价出售。这位知识共享运动先锋少年看不惯，决意用他的黑客才能，扮一回侠盗罗宾汉。于是，斯沃茨编了一个程序，利用麻省理工学院的校园网，抓取 JSTOR 服务器上的海量学术论文，打算事后免费提供给广大互联网用户，造福公众。可惜，斯沃茨生不逢时。放在以往，这种破解共享行为比比皆是，网管斗不过黑客，只能认栽，极少会求助官方。可偏偏此事发生在 2004 年的美国，先有版权工业推动的《千禧年数字版权法案》（DMCA）力保数字版权，再有"9·11"发生后突击颁布的《爱国者法案》（PATRIOT Act）赋权美国特勤局调查网络犯罪。特勤局手眼通天，论文数据下到一半，斯沃茨就被当场抓获。最终逼得斯沃茨畏罪自杀，悲剧收场。[29]

斯沃茨的死，从侧面印证《代码》对互联网无政府主义消亡的判断，[30] 是网络江湖撞到"网络法治化"这堵墙的一个注脚。当然，这并不是说莱斯格认为法治化的互联网就一定比江湖时代的互联网更优越。作为一个背负技术浪漫情怀的老网民，莱斯格在书中体现的立场，或许更接近贵族出身的托克维尔看待美国民主的立场：既然网络法治化已无可避免，回到江湖时代已无可能，我们也只能因势利导、趋利避害。他既希望那些拥抱互联网法治的人，不要把法治想得那么美好，也希望那些缅怀早期互联网无政府主义的人，不要把法治想得那么糟糕。[31]

的确，二十五年来，随着互联网的商业化和大众化，以及网络社会多元化，线上线下的分野也更加模糊，互联网自治无以为继，国家权力应时介入。[32] 议会立法、法院司法、行政执法，互联网逐步法治化。[33] 法治化的互联网，不再是法外之地，反而成为强化控制的土壤。

莱斯格的美国如此，我们的中国也一样。第一部互联网规制专门法规——《计算机信息网络国际联网管理暂行规定》颁布于 1996 年。其后，立法进程逐步加速，我国二十五年间先后出台超过五十部涉及互联网的法律和行政规章，而这还不包括地方性法规、司法解释、指导案例，以及包含网络规制条款的其他部门法。互联网规制的行政和司法机关同样不断壮大，国家互联网信息办公室、互联网法院、国家数据局等职能部门相继设立。与此同时，互联网规制范围也急剧扩张，涵盖内容管控、消费者保护、电子商务、网络版权、平台垄断、不正当竞争等诸多问题。而这样针对某一领域，如此密集扩张的法律规制趋势，翻遍中国近现代法制史，如果称不上绝无仅有，至少也是极为罕见的。在这二十五年间，互联网治理经历了从无到有、从粗放到精细的过程。曾经的武林江湖、共享天堂、法外之地，几乎不复存在。如今，我们面对的，是庙堂网警，是数字监测，是智慧司法。

针对"低法治"社会，曾经我们"送法下乡"，如今我们"送法上网"。不同的是，送法下乡，从上到下，层层阻力。送法上网，则顺畅很多。新中国成立以来，尽管有着电子产业发展及其军民融合的客观需求，但总体而言，民用技术发展并不是时代主旋律。改革开放后，理工科背景的知识分子逐渐走上领导岗位，他们更熟悉技术，更拥护"科学技术是第一生产力"，伴随着新自由主义推动的科技资本化、资本全球化的浪潮，信息化在神州大地铺开。在这一期间，出现了互联网。伴随着互联网的普及、决策层的重视，以及互联网主流用户群体对法治话语的熟悉甚至迷恋，送法上网各类条件齐备。也正因此，我国互联网法律制度的迅速崛起，甚至在个别领域（比如互联网法院、生成式人工智能规制）实现对西方法治国家的"弯道超车"。

一前一后，一中一美，社会历史语境的演变和对照，是中国读者在阅读二十五年前成书、以美国互联网为研究背景的《代码》时，所不能忽视的。

"巨吉斯之戒"的启示

莱斯格到底是一位宪法学者，权利与权力问题，是宪法学者的天然关切。

《代码》的核心问题之一是：代码究竟是赋予个体更多自由权利，还是助长国家或者技术巨头的权力控制？为了回答这个问题，莱斯格借用《理想国》的一则故事："巨吉斯之戒"。在故事里，这枚神奇的戒指赋予牧羊人巨吉斯隐身能力，任其肆意妄为，而不被人察觉。于是，借助它，一个普普通通的牧羊人，得以弑杀国王，霸占王后，篡夺王位（第59页）。《理想国》的"巨吉斯之戒"还有这么一层隐喻：拿到它，可行正义，也可行不义。柏拉图借此点明：最高明的守卫，也是最厉害的窃贼，因为两者使用同一套技艺（或曰技术）。

莱斯格提醒那些把代码理想化的无政府主义者，代码就是网络空间的"巨吉斯之戒"，它可行正义，也可行不义。比如，代码可以化身全面监控的"黑镜"[34]，成为边沁、福柯式"圆形监狱"（Panopticon）。这些都已不再是科幻电影的桥段，而已成为人们逐渐见怪不怪的日常，并为研究者们所关注。[35] 而近年来，在看似风平浪静的舞台上，斯沃茨、斯诺登、阿桑奇等事件一次次揭开幕布，幕布之下，那只曾被互联网自由卫士们寄予厚望的"巨吉斯之戒"，却屡屡化身刺破互联网自由泡沫的利器。

因此，以莱斯格为代表的第一代网络法学者，尽管有着各自的研究侧重，但他们的问题意识却集中到一点：在资本主义全球化的大背景下，互联网"巨吉斯之戒"的控制权到底掌握在谁手中？[36] 在他们看来，这个问题的答案，将直接决定互联网是变成自由空间，还是控制领地。

于是，一个贯穿《代码》全书的担忧是：在网络空间，技术巨头对代码的控制程度更高，在某些情境下"私权力"（Private Power）甚至凌驾于国家的公权力之上。[37] 正是出于这一担忧，后来莱斯格数次联合多位自由派学者发声，强调民主政府应通过法律规制技术巨头，其近年来演变出的新形态便是平台反垄断。[38]

《代码》的另一个关切，便是国家和技术巨头联合起来，威胁互联网自由（第4页）。具体而言，国家作为法律的控制者，技术巨头作为代码的控制者，两者合力控制网络。弗兰克·帕斯奎尔有一个形象的比喻：政府和技术巨头之间，不是单纯的商业交易关系，而是存在"隐婚"（Secret Marriage）关系。[39] 抛去其中戏谑的成分，这一表述牢牢抓住了二者关系的两大特点：亲密和隐蔽。恰恰是借助这种"隐婚"关系，国家得以利用技术巨头，实现网络行为监控、审查、惩罚、规训等常规行政执法手段难以实现的管控。而技术巨头也有机会利用旋转门、监管俘获等手段，将私人利益渗透到本应关注公共福祉、公民权益的规制政策中，上下交征。这在美国，不乏先例。"9·11"事件之后，美国政府就加强了与诸多技术巨头的合作，利用彼此的数据和资源。2011年"占领华尔街运动"时，政府和技术巨头里应外合，严密监控，抵制镇压。公众一开始被蒙在鼓里，直至维基解密（WikiLeaks）爆料，方才昭示天下。[40]

怎么应对？二十五年前成书的《代码》，给出了一个似乎自相矛盾的答案。在书中，我们可以看到莱斯格对技术巨头的批判和对政府规制的期待。具体而言，莱斯格认为，西海岸的"Code"（代码）已逐渐落入资本的控制，面对由私权力主导、不受民主制度约束的代码规制，政府应当扮演"技术哲人王"，[41] 利用东海岸的"Code"（法律），捍卫网络开放和个体自由。然而，莱斯格不会否认的是，东海岸的"Code"（法律）同样面临资本的威胁，寻找"技术哲人王"的过程并非坦途。而莱斯格近年的研究，恰恰集中在资本腐蚀政府和国会上，这一研究转向，在一些人看来，已经偏离了《代码》和相关网络法议题。但换个角度看，莱斯格关注的焦点，只不过从资本对于西海岸的"Code"（代码）控制，转向资本对东海岸的"Code"（法律）腐蚀。[42] 不幸的是，莱斯格本人公共事业上的两次挫折都与此相关：一次是在著名的 Eldred v. Ashcroft 案败走麦城；[43] 另一次则是2016年竞选美国总统，遭到民主党内部扼杀。莱斯格的这些颇具悲剧色彩的个人经历，让人对其屡败屡战敬佩之余，也不禁让人对《代码》开出的应对之策产生怀疑：无论面对被控制的代码，还是面对——用莱斯格自己的话来说——"被腐蚀的政府"，以莱斯格为代表的自由派学者构想的这套应对之策，是不是能既治标、又治本？这是个问题。

结语

到目前为止，我们还无法贸然断定，代码反抗权力控制的最初梦想已成泡影，但至少，在互联网规制越来越普遍的时代，我们没有理由抱太高期待。莱斯格在《代码》里拉响的警报，在二十五年后，非但没过时，反而更响亮了。

"在网络空间中，某只看不见的手，正在打造一个与网络空间诞生时完全相反的架构，这只看不见的手，由政府和商业机构共同推动！正在打造一个能够实现最佳控制、高效规制的架构。"（第 4 页）

"这是一个鸵鸟时代！我们因未知而兴奋，我们自豪地把事情交给看不见的手来处理，这只手之所以看不见，只因我们选择视而不见！"（第 339 页）

鸵鸟时代似乎还未结束，多数人还一直把头深埋沙中；但总有人想把头抬起——在一切都太迟之前。在这个意义上，二十五年后的网络法学者，可以，也应当比《代码》走得更远。

注释

1. Frank Easterbrook, "Cyberspace and the Law of the Horse", 1996 *University of Chicago Legal Forum* 207（1996）.

2. 戴昕：《超越"马法"? ——网络法研究的理论推进》，载《地方立法研究》2019 年第 4 期。

3. ［美］劳伦斯·莱斯格：《代码 2.0：网络空间中的法律》，李旭、沈伟伟译，清华大学出版社 2018 年版，第 12 页。

4. 这一说法比较早的表述，参见 Larry Lessig, "Reading the Constitution in Cyberspace", 45 *Emory L. J.* 869（1996）；Joel R. Reidenberg, "Lex Informatica", 76 *Texas Law Review* 553（1998）。

5. 规制嵌入到架构这一视角，在 James Boyle 看来，是福柯社会规制理论的互联网延伸。参见 James Boyle, "Foucault in Cyberspace：Surveillance, Sovereignty, and Hardwired Censors", 66 *U. Cin. L. Rev.* 177（1997）。

6. Aaron Zitner, "Internet-savvy Legal Scholar Foretells Government Control", *Chicago Tribune*（Mar. 26, 2000）, https：//www.chicagotribune.com/news/ct-xpm-2000-03-26-0003260116-story.html，最后访问日期：2023 年 10 月 1 日。

7. 有论者甚至指出，莱斯格对于技术的强调，本质上是"技术决定论"（Technology Determinism）。参见 Viktor Mayer-Schönberger, "Demystifying Lessig", 2008 *Wis. L. Rev.* 713（2008）, pp.737—740。

8. 恰恰是对这些网络法根本问题的持续考察，才引出了更多试图阐释网络规制机理的理论，包括乔纳森·兹特芮恩（Jonathan Zittrain）的创生性网络和尤查·本科勒（Yochai Benkler）的网络信息生产理论、芭芭拉·范·舍维克（Barbara Van Schewick）的互联网架构创新、吴修铭（Tim Wu）的互联网总开关等。

9. Tim Wu, "Will Artificial Intelligence Eat the Law? The Rise of Hybrid Social Ordering Systems", 119 *Colum. L. Rev.* 2001（2019）, footnote 12；Eric Goldman, "Content Moderation Remedies", 28 *Mich. Tech. L. Rev.* 1（2021）, footnote 36；Ari Ezra Waldman, "Disorderly Content", 97 *Wash. L. Rev.* 907（2022）, footnote 33.

10. 从莱斯格的著述中，我们不难发现霍姆斯对他的影响，单单《代码》

一书就曾三次引用霍姆斯的相关理论。有关霍姆斯和美国法律现实主义的兴起，参见 Thomas C. Grey，"Holmes and Legal Pragmatism"，41 *Stan. L. Rev.* 787（1989）；Richard A. Posner，"What has Pragmatism to Offer Law?"，63 *S. Cal. L. Rev.* 1653（1989）。

11. 参见［美］罗伯特·埃里克森：《无需法律的秩序——相邻者如何解决纠纷》，苏力译，中国政法大学出版社 2016 年版。

12. 参见 Lawrence Lessig，"The Regulation of Social Meaning"，62 *U. Chi. L. Rev.* 943（1995）。该文认为社会规范可以分为效率社会规范（Efficiency Norms）和分配社会规范（Distributional Norms）。截至 2023 年 10 月，已有 600 篇法律评论引注该文。

13. 参见 Lawrence Lessig，"The New Chicago School"，27 *J. Legal Stud.* 661（1998）。

14. 关于美国社会科学传统的论述，参见［美］多萝西·罗斯：《美国社会科学的起源》，王楠、刘阳、吴莹译，生活·读书·新知三联书店 2019 年版，第 1—18 页。

15. 以网络隐私研究为例，欧美就存在理论研究范式上的巨大差异。参见 James Q. Whitman，"The Two Western Cultures of Privacy：Dignity Versus Liberty"，113 *Yale L. J.* 1151（2004）；Robert C. Post，"Data Privacy and Dignitary Privacy：Google Spain, the Right to Be Forgotten, and the Construction of the Public Sphere"，67 *Duke L. J.* 981（2018）。

16. 因中译本再版页码变动，本章所引《代码》原书内容均为英文版原书页码，对应中译本页边码。下同。

17. 胡凌：《超越代码：从赛博空间到物理世界的控制/生产机制》，载《华东政法大学学报》2018 年第 1 期。

18. 比如 James Grimmelmann，"Regulation by Software"，114 *Yale L. J.* 1719（2005）；R. Polk Wagner，"On Software Regulation"，78 *S. Cal. L. Rev.* 457（2005）。

19. Jack M. Balkin，"The Path of Robotics Law"，6 *Cal. L. Rev. Circuit* 45，52（2015）。

20. 韦伯专门讨论了法律与习律（Konvention）、习俗（Sitte）之间的流动与相互影响。参见［德］马克斯·韦伯：《经济行动与社会团体》，康乐、简惠美译，广西师范大学出版社 2011 年版，第 331—342 页。

21. 有关网络规制中社会规范的讨论，参见戴昕：《重新发现社会规范：中国网络法的经济社会学视角》，载《学术月刊》2019 年第 2 期。

22. 罗玲：《水木清华 BBS 纠纷解决机制的变迁》，载《法律和社会科学》2007 年第 2 卷。

23. Mark Tushnet, "'Everything Old Is New Again': Early Reflections on the New Chicago School", 1998 *Wis. L. Rev.* 579（1998）.

24. 恰恰得益于低法治状态，互联网行业野蛮生长，"非法兴起"。参见胡凌：《非法兴起：理解中国互联网演进的一个视角》，载《文化纵横》2016 年第 5 期。

25. Robert C. Post, "The Social Foundations of Privacy: Community and Self in the Common Law Tort", 77 *Cal. L. Rev.* 957（1989）.

26. 参见［美］约翰·佩里·巴洛：《网络独立宣言》，李旭、李小武译，高鸿钧校，载《清华法治论衡》（第 4 辑），清华大学出版社 2004 年版，第 509 页。表达类似想法的还有另一句名言，出自与约翰·佩里·巴洛联合创办电子前线基金会的约翰·吉尔莫（John Gilmore），"互联网将政府监控视为破坏，并绕道而行"。有关网络无政府主义的兴衰，参见 Will Rodger, R. I. P Crypherpunks, "Security Focus"（Nov. 29, 2011）: https://www.securityfocus.com/news/294，最后访问日期：2023 年 10 月 1 日。

27. 张北海：《侠隐》，上海人民出版社 2007 年版，第 75 页。

28. 最大方的金主莫过于微软。每逢发行新系统或新软件，微软都会悬赏那些破解系统漏洞的黑客。2015 年 Windows 10 发布时，单单破解一个系统漏洞，赏金就高达 10 万美金。参见 https://www.microsoft.com/en-us/msrc/bounty，最后访问日期：2023 年 10 月 1 日。此外，计算机领域还有不少专门的黑客赏金平台，比如 HackerOne、BugCrowd、OpenBugBounty、SynAck、YesWeHack 等。

29. 参考纪录片《互联网之子：亚伦·斯沃茨的故事》（2014）。作为斯沃茨的忘年之交，莱斯格本人亦有出镜，并在镜头前悲愤落泪。

30. 在 20 世纪 90 年代中期，美国知识界涌现出大量互联网无政府主义论断，参见 David R. Johnson and David Post, "Law and Borders—The Rise of Law in Cyberspace", 48 *Stan. L. Rev.* 1367（1996）; David G. Post, "Governing Cyberspace", 43 *Wayne L. Rev.* 155（1996）; John T. Delacourt, "The

International Impact of Internet Regulation", 38 *Harv. Intl. L. J.* 207（1997）；
Dan L. Burk，"Federalism in Cyberspace"，28 *Conn. L. Rev.* 1095（1996）；
Joel R. Reidenberg，"Governing Networks and Rule-making in Cyberspace"，
45 *Emory L. J.* 911（1996）。《代码》书中对互联网无政府主义做出了多
处回应。

31. Lawrence Lessig，"The Zones of Cyberspace"，48 *Stan. L. Rev.* 1403
（1996）.

32. Jack L. Goldsmith，"Against Cyberanarchy"，65 *U. Chi. L. Rev.* 1199
（1998）.

33. 吊诡的是，网络空间（Cyberspace）一词本身，就源自控制论（Cyber-
netics），似乎从诞生的那一刻开始，网络空间就带着"控制"而非
"自由"的烙印。

34. "在墙上挂着的电视，在桌面摆着的电脑，在手掌把玩的手机，这些
屏幕散发着冷酷的光亮，它们就是黑镜。"参见 Charlie Brooker，"The
dark side of our gadget addiction"，*The Guardian*，London，1 December
2011。

35. Shoshana Zuboff，*The Age of Surveillance Capitalism*，Profile Books，2019，
pp. 1-5；Matthew Hindman，*The Internet Trap*，Princeton University Press，
2018，p. 176；Andrew Keane Woods，"Public Law，Private Platforms"，107
Minn. L. Rev. 1249（2023）.

36. Jack Goldsmith and Tim Wu，*Who Controls the Internet? Illusions of a Border-
less World*，Oxford University Press，2006；Tim Wu，"When Code Isn't
Law"，89 *Va. L. Rev.* 679（2003）.

37. Kate Klonick，"The New Governors：The People，Rules，and Processes Gov-
erning Online Speech"，131 *Harv. L. Rev.* 1598（2018）.

38. 沈伟伟：《迈入"新镀金时代"：美国反垄断的三次浪潮及对中国的启
示》，载《探索与争鸣》2021 年第 9 期。

39. Frank Pasquale，*The Black Box Society：The Secret Algorithms That Control
Money and Information*，Harvard University Press，2015，pp. 49-50；Gillian
E. Metzger，"Privatization As Delegation"，103 *Colum. L. Rev.* 1367（2003）.

40. Partnership for Civil Justice Fund，"FBI Documents Reveal Secret Nation-
wide Occupy Monitoring,"（December 22，2012）：http：//www. justiceon-

line. org /commentary/fbi-files-ows. html，最后访问日期：2023 年 10 月 1
日。当然，维基解密也由于这类反抗给自己招来麻烦，比如美国政府就
下令亚马逊切断服务器供应，并要求维萨和万事达查封其捐款通道。相
关讨论，参见 Derek E. Bambauer，"Orwell's Armchair"，79 *U. Chi.
L. Rev.* 863（2012）；Yochai Benkler，"A Free Irresponsible Press：Wikileaks
and the Battle over the Soul of the Networked Fourth Estate"，46 *Harv. C. R. -
C. L. L. Rev.* 311（2011）。

41. 这是迪克莱恩对莱斯格所阐释的理想政府网络规制的表述，并借此回
应莱斯格在《代码》最后一章"迪克莱恩没有意识到什么"的批评。
参见 Declan McCullagh，"What Larry Didn't Get"，in *Ten Years of Code*，Ca-
to Institute（May 4，2009）。

42. 参见戴昕：《犀利还是无力？——重读〈代码 2.0〉及其法律理论》，
载《师大法学》2018 年第 1 期。

43. 该案中，莱斯格作为控方代理律师，力图挑战版权工业推动的 1998
年《索尼-柏诺版权期限延长法案》，最终在美国最高法院败诉。参见
Eldred v. Ashcroft，537 U. S. 186（2003）。

第二章
算法透明原则

近半个世纪以来，算法正以前所未有的深度和广度，影响和改变着人类活动。依托这一技术革命情境，并伴随着网络空间和现实空间的加速融合，算法应用越来越广泛。可以说，在当代社会，算法几乎无处不在、无所不能。[1] 算法应用在发展。

与此同时，大数据和人工智能的兴起，使算法得以突破"波兰尼悖论"的束缚，通过基于自我训练、自我学习过程，实现自我生产、自我更新。[2] 算法本身在发展。

然而，算法是一把双刃剑。算法可以调节室内温度，但也可以把房间变成冰窖火炉；算法可以自动开门，但也可以把我们锁在屋内；算法可以自动驾驶，但也可以引发事故；算法可以治病救人，但也可以误诊杀人；算法可以帮助我们更高效地分配资源，但也可以在分配中歧视特定群体……随着算法共谋、算法失灵、算法歧视等算法问题的出现，"如何规制算法？"，[3] 这一命题在近两三年，以一种近乎猝不及防的方式被推向前台，也一跃而进主流法学界的视野。[4]

就像面对魔法一样，人们在直觉上对算法引发问题的第一反应，是搞清楚它到底是什么？于是，在规制算法的纷纭众说中，最广为熟知且被普遍认可的，便是算法透明原则。[5] 尽管各研究领域的学者对于算法透明原则的内涵口径不一，但大体上，算法透明原则被归类为一种对于算法的事前规制模式，它要求算法的设计方或者使用方公开和披露包括源代码在内的算法要素。[6] 让人颇感意外的是，虽然学界呼吁算法透明原则的声音不绝于耳，但却鲜有中文文献对其作理论性辨析，也没有对其在实践中的应用作归纳反思，更不用说对其在整个算法规制图景中进行合理定位。在相关研究尚未展开的背景下，有些学者却已然将算法透明原则作为算法规制首要原则，甚至乐观地认为，一旦透明，算法就可知，一旦可知，算法问题就可解。[7] 本章所要做的，就是在对算法透明原则作出理论和实践辨析后，为这股乐观情绪，泼上一瓢冷水，破解算法透明原则的迷思。

在笔者看来，目前有关算法规制的讨论，过分夸大了算法透明原则的作用。本章旨在揭示，算法透明仅在有限的情境下适用，在多数情境下，算法透明原则既不可行，也无必要。依托对算法透明原则的批判，本章尝试回应一个理论问题：如何规制算法？本章结合学理上事前规制与事后规制、本质主义与实用主义这两对比照，对算法规制理论重构展开初步思考，并借此阐明以算法问责为代表的事后规制手段，才是更加得当的规制策略。而算法透明本身，只能在特定情况下，起到辅助效果。

本章分四部分。第一部分简要概括算法透明原则的定义和内涵及其在实际规制中的应用。第二部分从法益平衡的角度展开考察，论证了在一些情况下，算法透明原则并不可行。第三部分继而论证：即便在算法透明原则可行的情况下，其必要性仍值得商榷。第四部分基于前述针对算法透明原则的批判，考察算法规制理论的重构。

算法透明原则

无论是在政治学、经济学还是法学领域，透明原则已成为现代政府规制的一条基本准则。早在 19 世纪中叶，杰罗米·边沁（Jeremy Bentham）和约翰·斯图尔特·密尔（John Stuart Mill）等思想家，就讨论过透明原则。这样的讨论，逐渐成为西方自由主义视野的一部分。直至近现代，诸如德里希·哈耶克（Friedrich Hayek）和约翰·罗尔斯（John Rawls）等自由主义理论家，无一例外地受到这些讨论的影响。在这些西方传统中的自由主义思想家看来，透明原则民主政治，有着两大根本助益：其一，它可以增强公权力机关的可问责性；其二，它可以保护公民的知情权，保护公民免遭专权独断。[8]

具体到法学领域，透明原则也一直贯穿于现代法律制度之中。套用美国大法官路易斯·布兰代斯（Louis Brandeis）

一句流传甚广的名言，"阳光是最好的消毒剂"。在美国法中，透明原则不但是公法中形式正当程序（Procedural Due Process）的一个核心原则，[9] 而且也某种程度上，通过相关法律制度构建，塑造了代议制民主制度。[10] 与之类似，在我国，透明原则也成为公法领域的一个原则要求，并且在制度上有着多重体现，比如规制依据公开、行政信息公开、听证制度、行政决定公开等。[11]

当然，讨论透明原则在规制理论或者政府信息公开中的正当性，已经超出了本章的范围。本章聚焦透明原则在互联网时代的一个具体延伸——算法透明原则。之所以说是延伸，而非类目，是因为算法本身并不是由公权力机关所独享，更多地，也会被私营机构所使用。具体而言，民主政治语境下的透明原则，也仅仅是在公权力机关或者部分带有"公共性"的私营机构使用算法时，才涉及传统公法的透明与信息公开问题。而本章所指的算法透明原则，既适用于政府的算法规制，也适用于私营机构的算法规制；也正是在这个意义上，它有着更丰富的内涵。

虽说有关算法透明的讨论早已有之，但必须承认，21 世纪初的两次美国总统大选，大大推进了人们对算法透明的关注，可以称得上"神助攻"。[12] 2000 年大选，首次采用电子投票器。最终，在沸沸扬扬的布什诉戈尔案（Bush v. Gore）中，投票设备（包括老式打孔机、光学扫描机和电子投票机）的透明性和公正性，成为全社会关注的焦点。[13] 作为回应，2002年美国国会通过了《协助美国投票法案》（*The Help America Vote Act of* 2002），着力推广电子投票机，并配套相应管理措施。随之，大量科技公司看到电子投票器商机，纷纷涌入这一领域的开发。然而，各类新开发的电子投票器的大规模应用，不但未消旧愁，而且反添新忧：选民们怎么知道这些电子投票机在何时将数据上报到计票中心？而计票中心是不是准确无误地记录下每一个人投出的选票？谁又能确保选票数据统计没有造假或者选票数据库不被黑客攻破？[14] 算法透明，被认为是投票监管的一剂良药，因而得到广泛讨论。[15]

其后，算法应用在广度和深度上的增加，也有力推动了对算法透明的持续讨论，乃至使其逐渐成为该领域内的一项原则性提议。当然，不同学者对算法透明原则存在不小的认识差别。这个现象在交叉学科研究中也十分常见。这种差别，用"言人人殊"来形容，略显夸大，但换个说法，用口径不一来形容，应该是恰如其分的。不过，对于该原则的认识，还是存在最大公约数，即针对算法的事前规制原则，要求算法的设计方或者使用方，披露包括源代码、输入数据、输出结果在内的各项要素。[16] 弗兰克·帕斯奎尔对于算法透明的理解，更为复杂而深入，他在不同的著述中，曾把算法透明理解为综合源代码公开、算法分析、算法审计等手段合理促成的算法透明，他的这种理解，当然给他的理论带来更强的解释力，但是也在一定程度上模糊了算法透明与其他规制手段的边界，从而可能会给理论和实务都带来很大麻烦。基于以上考虑，本章取狭义上的算法透明概念。

算法透明原则最终的落脚点，是对于算法自动化决策的规制。而算法所主导的自动化决策可以概括为：基于输入数据，通过算法运算，实现结果输出。从这个意义上看，如果对算法没有一个明确的认知，也就无从判断算法自动化决策是否公正。表面上看来，算法透明，就是打开黑箱、将"阳光"洒落整个自动化决策过程的理想手段。

与传统的透明原则能带来的优势类似，算法透明同样在可问责性和知情权两个维度发挥作用。其一，算法透明可以让算法操控者变得更具可问责性，一旦出现精确性和公平性的偏差，可以依据所披露的算法来主张算法操控者的责任。更甚之，较之人为治理的透明原则，算法透明原则还隐含着一个算法治理本身的优势，亦即，人类决策者的内在偏见和私念很难被发现和根除，但假如我们窥探算法的"大脑"，即整个决策和执行过程，就可以变得更透明、更容易被监督。[17] 其二，算法透明也赋予算法规制对象一定程度上的知情权，而这种知情权有利于第三方（尤其是专业人士）实施监督，也有利于算法规制对象依据所披露的算法，在事后对算法决策提出公平性和合理性的质疑。

正因为算法透明有着这些好处，许多论者对算法透明原则趋之若鹜。[18] 更有乐观的论者认为，只要算法透明，甚至只需源代码公开，就可以解决很多现实中的算法问题。可以说，在当前国内，算法透明原则，俨然成了算法治理实践和学术讨论过程中最受关注的基本原则。

算法透明原则可行吗？

算法透明原则本身，是不是一个不容置疑的金科玉律呢？算法透明原则真的那么有用吗？在算法运用越来越广泛而由此引发的问题越发复杂的情境下，是不是可以说，算法越透明越好呢？答案并不是那么简单。

如果单单从美国大选投票算法中的例子出发，我们会很自然地把算法透明原则与自由主义传统下的政治学、经济学和法学中的透明原则密切联系起来。然而，这很可能是以偏概全。一方面，算法透明原则——如果得以践行——无论在外延上，还是在内涵上，都与传统的透明原则有所不同。另一方面，虽然本章第一部分阐述了算法透明原则与传统自由主义视野下的知情权和可问责性之间存在交叉，但不能否认，比起传统自由主义的透明原则，算法透明原则蕴含着更大的内在张力和具体限制。

接下来，本章将分别探讨算法透明原则的两个根本问题：算法透明原则是否可行以及算法透明原则是否必要。通过具体规制情境，考察算法透明原则的可行性问题。事实上，算法透明原则作为一项带有普遍强制性的法律原则，它有可能会与国家安全、社会秩序和私主体权利等法益相冲突，不具有作为与基本法律原则所匹配的普遍可行性。

（一）算法透明 vs. 国家安全

无论古今中外，公开与保密，一直是国家治理的关键问题。[19] 具体到算法治理领域，哪些算法可以公开，向谁公开，公开到何种程度，都需要放在国家安全这一棱镜中着重考察。而对于以国家安全为由的保密义务，许多国家在政策和法律层面都给予了高位阶保护。比如，我国的《国家安全法》《网络安全法》《数据安全法》《保守国家秘密法》以及美国的《国家安全法案》《爱国者法案》等。这些法律在很大程度上，都给相关的算法透明设置了障碍。换言之，当算法透明与国家安全相冲突时，算法透明的可行性必将遭受挑战。

举例而言，为了确保机场安检效率，全球大部分国际机场都采取了抽样安检策略，即在常规安检之外，抽取特定人群进行更严格烦琐的检查。如此一来，既可以保证机场安检的速度，又能给恐怖分子带来一定威慑力。抽样的程序，则由算法来执行。假设为了防止对特定群体的歧视性抽样，根据算法透明原则，公众要求公开抽样算法，那么，机场应不应当让算法透明呢？可以想见，一旦算法透明，恐怖分子有可能根据公开的算法进行博弈，谋划规避手段来避免被严格检查，或者根据算法所提供的随机性逻辑来合理定制所需样本试错数量。再比如，假设某次导弹试射演练后，制导系统的算法失灵，致使导弹偏离既定弹道，炸毁民用设施，并造成伤亡。那么，公众是不是可以就此要求算法透明，要求军方公开制导系统的算法呢？后文将提出更合理的解决方案，但就本部分所讨论的主题而言，即便公众的诉求完全公平合理，本案例中算法透明的可行性，也将在很大程度上受到限制。

很显然，在上述两个案例中，坚持贯彻算法透明原则，将有可能导致国家安全隐患（无论是飞机航路安全，还是军事设施安全）。换言之，对于算法透明原则而言，当其与国家安全相冲突时，不可避免地会受到国家安全的限制。比如"9·11"事件过后，以小布什总统为首的保守派政治家，强烈抵制政府在国家安全领域的透明化，声称赢下"反恐战争"的唯一手段，就是让美国变得和它的影子对手一样神秘。[20] 于是，以《爱国者法案》为代表的、以国家安全为由对抗信息披露的法律政策，可谓应运而生。同样，我国在《宪法》第53条、《国家安全法》第4、19、28、29条与《网络安全法》第77条，以及其他法律法规中，都对涉及国家安全、国家秘密的信息披露，给予了严格限制。这些都是算法透明原则，在不同的适用领域，所需面对的重重关卡。

综上所述，由于通常国家安全往往比算法透明背后的考量有着更高位阶的权重，因此，一旦出现这一组对立，国家安全将对算法透明实施"降维打击"，这样一来，算法透明原则的可行性就很难得到保证。这便构成了算法透明可行性的第一道，也是最难逾越的一道障碍。

（二）算法透明 vs. 社会秩序

同样，算法透明也可能与社会秩序背道而驰。我们以当前应用广泛的智能语言测试系统为例。[21] 智能语言测试系统的应用，为的是测试的便捷和标准化。语言测试系统的判分算法信息，具有很强的保密性，不能被随意披露。不难想见，一旦这类信息被披露，就很可能让不法分子钻判卷算法的空子，与语言测试系统博弈，也让整个测试无法达到其应有的考查目的。类似的情况也会发生在抽奖活动中，如果抽奖环节所使用的算法一开始就被披露，那么，投机分子就可能采取各种手段——比如破解算法直接干预抽奖环节、选择算法抽奖所青睐的时机和频次进入抽签环节——博弈，操纵抽奖结果。

当然，网络空间中最经典的例子，当属搜索引擎优化（Search Engine Optimization）。起初，搜索引擎服务提供商，曾乐于践行算法透明，将其搜索引擎算法公之于众。比如，谷歌早期的 PageRank 排名算法的排序标准，曾公之于众。[22]然而，出乎谷歌意料的是，某些恶意网站（尤其是内容农场[23]、商业广告网站、钓鱼网站、恶意代码网站等）利用这些被披露的排序算法，玩起了"猫捉老鼠"的游戏——采取搜索引擎优化来与谷歌排序算法展开博弈，让一些本不应被优先排序的网站，挤进了搜索结果的靠前位置。如此一来，人们也就更难通过谷歌，得到理想搜索结果。换言之，谷歌 PageRank 的算法越透明，其搜索结果排名就越容易被博弈和操控，最后影响到公众对于搜索引擎的体验。也正因此，谷歌以及其他搜索引擎，逐渐收紧算法披露，到最后，谷歌几乎明确拒绝算法透明，甚至将已公开的算法做出秘密调整。就这样，谷歌搜索引擎算法彻底变成黑箱，而这个黑箱，反倒成了公众获得理想搜索结果的保障。

上述案例仅仅是涉及算法程序披露，而对于输入数据（作为算法的一部分）披露，案例更是不胜枚举。屡屡出现的计算机考试漏题案件，就属于这类输入数据披露对于社会秩序的影响。[24] 篇幅有限，不一一赘述。由此可见，算法透明在实践中可能会和社会秩序发生冲突。这便是算法透明可行性的第二道障碍。

（三）算法透明 vs. 私主体权利

算法透明原则，将不可避免地带来信息披露，而在遍布私主体信息的当代社会，信息披露将很可能与私主体权利（尤其是个人隐私、商业秘密和知识产权）相冲突。比如，金融信贷、个人征信和医疗诊治等领域，算法已经得到普遍的应用，这些领域中的法定保密义务和约定保密义务，会给算法透明原则的实现，造成很大阻碍。这是因为被披露的算法中，往往既涉及敏感的个人隐私，又涉及关键的商业秘密和知识产权。这些敏感信息或机密信息，可能作为算法程序的一部分，可能作为输入数据，也可能作为输出结果，甚至可能兼而有之。

这类信息披露，势必与隐私保护、商业秘密保护、知识产权保护等法律法规[25]或合同约定相冲突，受到后者的限制。这一现象，在金融信贷领域最为典型，且不说用户个人隐私屡屡成为金融机构拒绝透明的挡箭牌，金融机构还常常利用专利权、版权、商业秘密甚至商标权等私权，来对抗算法透明。[26] 当然，就如下文将讨论的 States v. Loomis 案那样，开发算法的公司最常使用的抗辩，依然是将算法作为商业秘密来寻求法律保护。[27] 类似的情况，不胜枚举。

本章可以继续堆砌案例，但上述案例足以表明，算法透明原则并不是一个普适原则。当然，反过来说，这并不表明，算法透明原则在任何情境下都不可行；这也不表明，一旦出现与上述三种考量因素冲突，算法透明原则就必然走投无路。即便与上述三种制约因素有冲突，但只要冲突在合理范围内，其可行性也依然存在。比如，前文提到投票机的案例，将投票机的算法公之于众，无论是从国家安全、社会秩序、私主体权利等角度，它们对可行性的阻碍很难成立。唯一可能的隐患是，假如投票机的算法公开，会增加不法分子侵入系统篡改投票结果的风险，但这样的风险可以在技术和监管上加以限制。[28]

综上所述，本部分从国家安全、社会秩序和私主体权利三个方面，质疑算法透明原则的可行性。换言之，算法透明原则受到上述三方面考量的限制，并非放之四海而皆准。

算法透明原则必要吗？

本章第二部分论证了算法透明并不是一个普适原则，在一些情况下并不可行。接下来要回应的问题是：即便是在算法透明可行的情形下，算法透明原则有没有必要？显然，比起可行性问题更麻烦的问题是，当我们好不容易克服可行性障碍而最终实现算法透明时，却发现算法透明无力兑现其规制承诺。对于算法透明必要性这一问题，本部分将从两个方面分别展开论述。

正如本章第一部分所提到的，算法透明就是打开黑箱、洒下"阳光"。那么，我们首先要回答：算法透明是不是就等于算法可知？如果这一前提条件不能成立或者不能完全成立，如果黑箱套黑箱，如果"阳光"洒落在一块谜团上，那么，算法透明原则所能带来的诸多益处，也就仍然无法兑现。

（一）算法透明 ≠ 算法可知

在一些学者看来，算法透明就足以帮助我们了解算法的所有奥秘；如果说在早前技术尚未精进的时代有这种说法，倒可称得上是值得商榷，[29] 但如今还秉持这一观点就让人难以理解了。在笔者看来，算法透明不等于算法可知。它们之间，至少横着如下四道障碍：披露对象的技术能力、算法的复杂化、机器学习和干扰性披露。

披露对象的技术能力，比较好理解。当披露对象是非计算机专业人士时（比如与公共政策和法律裁判关系密切的法官、陪审员、执法官员、普通公众），算法本身是难以辨识的。他们的技术能力有所欠缺，因此，即便向他们披露源代码和相关技术细节，可对他们而言，代码即乱码、算法像魔法，还是无法搞清自动化决策究竟是怎么做出的。外行只能看热闹，内行才能看门道。不可否认，外行可以借助内行来帮忙（比如专家证言），但这其中，会有成本，会有偏差。

如果说第一个障碍是阻挡外行的门槛，那么后三个障碍就是把外行内行统统拒之门外。先说算法的复杂化。[30] 随着技术的不断演进、算法分工的不断精细，以及社会生活对于算法需求的不断提升，大量算法变得愈发复杂。而算法的复杂化，会给算法的解释工作带来很大难度。[31] 当然，这在计算机科学发展史上，并不新鲜。计算机工程师应对这一问题的通行做法是：将算法系统模块化。[32] 对于模块化后的算法，计算机工程师再分别解释各部分子算法，各个击破，最后通过重新组合，解释整个算法系统。[33] 虽然通过模块化的分工，可以解决一部分复杂算法的解释问题，[34] 但即便如此，就连计算机工程师也承认，算法复杂化、模块化，会令各个部分算法之间的相互反应变得不可预测。[35] 与此同时，如果要保证模块化处理运行顺畅，就需要在算法系统设计之时，进行整体规划；[36] 否则，复杂算法的模块化解释，也很可能达不到预期效果。而在很多情况下，复杂算法应用和交互（比如 API 和云计算）无法确保我们从多个模块解释的组合中，或者与其他算法的交互中，准确解释算法。[37] 简言之，算法的复杂化加重了我们理解算法的困难；而模块化这一解决进路，如果不是在算法系统设计之初就事先规划，也不能很好地解决复杂算法的解释问题。

相比算法的复杂性，机器学习对于算法可知的挑战，吸引了更多关注。[38] 传统算法要求计算机工程师事先指定一个表示结果变量的运算模式，作为以特定方式选定解释变量的参数，以此来决定输出结果。与传统算法不同，机器学习，作为一种更智能、更动态的算法，其运算不受固定参数所控制，也正因此，机器学习并不要求工程师事先指定运算模式。[39] 当然，"不要求"不等于"不能够"，机器学习的门类中，也存在计算机工程师事先指定运算模式和控制学习材料的监督学习，与之对应的是运算更为自由而不可控的无监督学习和强化学习。[40]

而与算法可知直接相关的是，对于机器学习算法，其运算的函数关系不一定是固定清晰的数据集合。我们既无法保证机器学习过程代表任何一组真实关系，也无法通过此刻的因果关系，来推导未来的因果关系，因为算法本身不断学习、不断变化，在算法披露的那一刻过后，披露的算法就已经过时。古希腊哲学家赫拉克利特那句"人不能两次踏进同一条河流"，在机器学习中找到了最好的印证。最典型的例子，便是智能广告推送算法，上一秒出现的推送结果，算法根据你是否在页面停留或点击推送，进而计算出下一秒的推送结果。再比如，大部分垃圾邮件过滤算法，都使用邮件地址和 IP 地址的黑名单，应用最为广泛的，便是 Spamhaus，其邮件地址和 IP 地址也是根据用户举报和自身机器学习实时更新，换句话说，其这一刻不在黑名单上的邮件地址和 IP 地址，很可能在下一刻就上黑名单。[41]

由于机器学习的决策规则本身，是从被分析的特定数据中不断生成的，因此，除了极少数被严格控制的监督学习以外，我们根本不能通过考察静态的源代码或原始数据——这样一种刻舟求剑的进路——来推断机器学习算法的运算结果。也就是说，对于绝大部分机器学习的输出结果，无论输入和输出的因果关系在表面上看起来多么直观，这种因果关系很可能根本无法被解释，其动态的变化也更难以被把握。[42] 更重要的是，对于机器学习（尤其结合了强人工智能和神经网络等技术的机器学习）而言，输入数据的变化和累加，使得算法推算结果背后的深层原因，变得难以把握，在这个意义上，它本身就是一个无法实现透明的"黑箱"。而且，机器学习所推导的"因果关系"，在很大程度上取决于输入数据，这类因果关系只能是统计意义上的因果关系，它与规范意义上的因果关系，存在一道难以跨越的鸿沟。

例如，谷歌研发的强化学习算法——AlphaGo。设计

AlphaGo 的计算机工程师，都是棋力一般的业余爱好者，无法与柯洁、李世石等顶尖高手较量。但恰恰是这些工程师，设计了 AlphaGo，把顶尖高手一一击败。[43] 可以想见，这些工程师本人是没有办法一一解释 AlphaGo 的每一步棋招——如果工程师真的能理解每步棋的奥妙，那么他们自己就是世界冠军了。换言之，AlphaGo 通过机器学习习得的竞技能力，工程师根本无法企及，他们的每一步棋，也自然超出了工程师的理解范畴。

最后一个使算法透明无法向算法可知转化的障碍，是干扰性披露。与前三个与透明直接冲突的原则不同，干扰性披露本身，也可以被看成是算法透明的一种方式。它通过披露大量冗余干扰性数据，将其混杂在关键数据中，以此妨碍解释关键数据内容。也正是在这个意义上，干扰性披露是算法透明的一个典型悖论，亦即，公开的越多，对算法关键内容的理解越困难。

其实，在《黑箱社会》一书中，弗兰克·帕斯奎尔就论述过这个现象，他称之为"混淆"（Obfuscation），其内涵与干扰性披露是一致的，就是指刻意增加冗余信息，以此来隐藏算法秘密，带来混淆。[44] 哪怕极力主张算法透明的帕斯奎尔，也承认干扰性披露本身，也是算法黑箱的始作俑者之一。[45] 因为公开的算法内容越多、信息量越大，算法分析的工作量和难度也会随之增加，在这个意义上，我们也与算法可知越来越远。这就好像有些公司为了妨碍会计审查，有意披露大量的冗余材料，让调查人员不得不在几万份材料里大海捞针。而干扰性披露的存在，不但妨碍了算法可知，而且从另一个角度强化了本章对于算法透明必要性的质疑。

综上，算法透明不等于算法可知，甚至有可能妨害算法可知。算法透明并不是终极目的，它只能是通向算法可知的一个阶梯。并且，这一阶梯也并非必由之路，这一点，将会在本章第四部分的论述中得到更充分的体现。[46] 因此，对于某些算法，即便算法透明，如果未能达到算法可知，也是于事无补，甚至适得其反。事实上，这是算法透明原则与传统公法上的透明原则的关键区别。传统公法上的透明原则，无论是立法上的透明，还是执法、司法上的透明，尽管不能百分百排除明修栈道暗度陈仓的可能，但大体上，社会公众都能对所披露的信息（文本、音视频内容）有着较为明晰的认识。而算法透明原则却不尽然。一旦透明之后亦不可知，其透明性所能带来的规制效果也就无从谈起；更甚之，像干扰性披露那样误导披露对象，反而会减损而非增强规制效果。

（二）算法透明不能有效防范算法规制难题

对于算法必要性的第二个质疑，涉及算法规制的实践。此处所要讨论的问题是：即便算法透明原则可行，算法透明原则是不是就像一些学者认为的那么必需，那么灵验，能防范算法歧视、算法失灵、算法共谋等各类算法规制难题？本章认为，究其本质，算法透明原则仅仅是一种事前规制方式，我们不能夸大其在规制中的效用。

首先，算法即使透明、即使可知，也不意味着算法问题必然能被发现。单就算法漏洞而言，就包括了输入漏洞、读取漏洞、加载漏洞、执行漏洞、变量覆盖漏洞、逻辑处理漏洞、认证漏洞等。[47] 这些漏洞的其中一部分，的确可通过算法透明来防患于未然，但另外的部分，却需要在算法执行过程中，才能被发掘并加以解决。比如，著名的 Heartbleed 安全漏洞，从程序开发到安全漏洞被发现，整整两年，而该算法是开放源代码，完全符合算法透明原则——算法透明原则并不能帮助工程师在两年间发现这一漏洞。[48]

其次，即便算法透明，计算机工程师也不能确切预测算法与外部运行环境的交互。对于一些算法而言，它们的运行，需要依赖于外部环境，比如外部软件[49] 和外部客观条件等。例如，航空智能控制程序，需要根据特定时间的风向、风速、天气状况、飞机飞行角度等诸多外部客观条件，来决定具体输出的结果。而在 2018 年和 2019 年，波音飞机由于算法失灵接连发生两起坠机事故，恰恰证明即便算法透明，我们也无法有效避免算法失灵。而有赖于云计算、API 等技术，目前算法与外部环境的交互已变得越来越频繁，这种交互带来的情境变化，让算法透明更加无力承担化解算法问题的重任。

最后一点，也和算法透明的事前规制性质有关：即便算法透明，在执行算法的过程中，仍然无法保证排除第三方干预，从而影响最终结果。就像约舒华·克鲁尔（Joshua A. Kroll）等人所指出的那样："不管算法有多透明，人们仍然会怀疑，在他们自己的个案中，公开的算法规则是否真的被用来做出决策。尤其是当这个过程中涉及随机因素时，一个被安检抽查或被搜身的人可能会想：我难道真的是被公平的规则选中了吗？还是决策者一时兴起，挑中了我？"[50] 比如，在 State v. Loomis 案中，一位名为 Loomis 的犯罪嫌疑人，被 COMPAS 算法[51] 裁判为"累犯风险较高"。[52] 诚如 Loomis 的诉状论及的，不管 COMPAS 算法有多透明，他仍质疑，在自己的案例中，公开的算法规则是否真的被用来做出决定。再比如电子酒精测试仪的算法。算法的披露，并不能保证测试结果的公正。在执行过程中，探头可能老化失灵、执法人员可能因操作失误、受贿、种族性别歧视而有意控制探测部位等，规制程序的诸多环节，都可能基于算法透明原则导出不公正的裁判。换句话说，如果我们在算法被公开、被披露之后，在执行算法的环节，受到算法之外的第三方因素介入，就像电子游戏的"外挂"或者黑客入侵程序一样，仍然可能导致算法得出不公正结果。[53] 而这些算法规制的问题，是所有事前规制手段的一个盲区。

在此，笔者并不是想证明，除了算法透明原则之外，其他的规制手段在应对执行环节的问题时，就能无往不利。本章只想指出，算法透明原则作为一项事前规制，有其自身局限，它并不是解决算法问题的万灵药方。而算法不透明也可能有其自身价值（比如隐私保护、国家安全等），一味强调透明，非但不能保证解决现有问题，还可能引发新的算法规制问题。

算法透明的合理定位和算法规制的重构

从算法透明的可行性和必要性两个维度而言，该原则在算法治理中存在缺陷和不足。尽管如此，我们不能否认，算法透明原则仍然在某些情境下，有其适用的可行性和必要性。于是，本部分结合其他相关规制模式，探讨算法透明原则在算法规制中的地位问题，并进一步重构目前的算法规制理论。

（一）计算机科学角度的算法透明

首先，我们来考察一下计算机科学角度的算法透明。美国计算机协会（Association for Computing Machinery）作为算法治理的业界权威，在 2017 年，公布了算法治理七项原则（见表 2-1）。[54]

表 2-1　美国计算机协会算法治理七项原则

1	知情原则	算法所有者、设计者、操控者以及其他利益相关者，应该披露算法设计、执行、使用过程中可能存在的偏见和可能造成的潜在危害
2	访问和救济原则	监管部门应该鼓励落实相关机制，确保受到算法决策负面影响的个人或组织，享有对算法进行质询并获得救济的权利
3	可问责原则	即便使用算法的机构无法解释算法为何会产生相应结果，它们也应对算法决策结果负责
4	解释原则	我们鼓励使用算法的相关机构解释算法运行步骤以及具体决策结果
5	数据来源处理原则	算法设计者应该说明训练数据的采集方法，以及数据收集过程中可能引入的偏见；对于数据的公共监督最有利于校正数据错误；出于隐私保护、商业秘密保护、避免算法披露后的恶性博弈等事由，可以只对适格的、获得授权的个人进行选择性披露
6	可审计原则	模型、算法、数据和决策结果应有明确记录，以便必要时接受监管部门或第三方机构审计

7	检验和测试原则	使用算法的机构应该采取有效措施来检验算法模型，并记录检验方法和检验结果；使用算法的机构尤其应该定期采取测试，来审计和决定算法模型是否将会导致歧视性后果，并公布测试结果

从上述列表中，我们可以得到四个有关算法透明的教益。第一，知情原则对应的是算法透明中算法规制对象的知情权这一面向。但是，计算机工程师对于算法透明中的"知情"有更务实的把握——直接公开源代码不等于知情；而且，我们还需关注更深层次的"知情"，亦即"算法设计、执行、使用过程中可能存在的偏见和可能造成的潜在危害"。第二，计算机工程师对于算法透明的功用，有着更为清醒的认识，他们认为即便是公开和披露算法，也无法确切把握最终运算结果。于是，他们使用了"可能存在的偏见"（第1条和第5条）和"可能造成的潜在危害"（第1条）这样的模糊字眼，其所隐含的信息是，我们对算法的认知，只能力图接近，很难确切把握。这与部分法律人对算法透明脱离实际的期许，形成鲜明对比。第三，计算机工程师明确意识到，算法披露本身，也受到其他条件的制约，比如第5条提到的隐私保护、商业秘密和恶性博弈。而这些制约，正如本章第二部分论述的那样，与算法透明的可行性有着持久的张

力。[55] 尽管限制披露对象（"只对适格的、获得授权的个人进行选择性披露"），可以缓和这种张力，但这也无法根本解决所有冲突。第四，对于前文讨论的算法规制的两大类别，计算机工程师关注的，是事后规制，而非事前规制。除了第1条的部分内容和第5条之外，其余手段大体上均可纳入事后规制范畴。

从上述分析中我们可以看出，计算机工程师——作为对算法技术比较熟悉的专家——对算法透明的局限，有着清醒的认识。一般而言，工程师更关心技术的细节，而法律人更关心技术所带来的权利、义务和责任。照此逻辑，比起法律人，工程师应该更关注算法透明所能带来的对于技术细节的理解，及其对算法规制的意义。然而，在计算机工程师眼里，算法透明却并不处于算法规制的核心地位，这很能说明问题——要么就是算法透明由于客观原因而难以实现，或者即便实现了也无法确保他们对于技术细节的理解；要么就是算法透明本身不足以让我们能够解决相应的算法规制问题。或许正是因此，以美国计算机协会为代表的业界，并未对算法透明抱以奢望，而是倾向于以事后规制（如救济、审计、解释、验证、测试、问责等）为主的规制策略。[56]

（二）算法透明原则的合理定位

算法透明原则仅仅是一种事前规制方式，尽管在某些情形下有可能实现"防患于未然"的作用，但是，我们不能夸大其在规制中的效用。算法透明并不是终极目的，它只能是通向算法可知的一个阶梯。而算法可知，最终也要服务于其他规制手段。这一点，和上述计算机工程师对算法透明的定位相吻合，也可以呼应透明原则的传统政治学定位。

更重要的是，算法透明所能带来的规制效用，在很大程度上，可以被以算法问责为代表的事后规制手段所涵盖。算法规制最成熟的实例之一，便是美国对于 P2P 算法在音视频内容分享领域的规制。P2P 算法本身只是一种更为高效的文件传输技术，但在它问世之后迅速被用来传播音视频文件，其中大部分都是盗版内容。为了治理这类算法滥用，音乐电影产业和互联网公司合力推动了版权立法和司法保护，而这种规制，更多是以事后算法问责的形式出现。对于版权领域的算法问责机制，美国法传统有着多个层级的民事或刑事责任可以被适用，比如法人责任（Enterprise Liability）、替代侵权责任（Vicarious Liability）、帮助侵权责任（Contributory Liability）、产品责任（Product Liability）等。[57] 这一系列算法问责机制，对于算法的设计、执行和使用各个环节，都有规制力。而算法本身，或者说算法透明所指向的算法可知，对于厘清侵权事实或许有一定帮助，但却不是问责机制的重点。哪怕曾被 P2P 技术案件中所关注的"中心服务器模式"和"去中心服务器模式"的区分——可以通过算法透明来厘清——也在随后的判例中被消解，法官后来只看重算法在后果上是否构成法律意义上的"帮助侵权"，而不是技术层面的"中心服务器模式"和"去中心服务器模式"的区分本身。[58]

正如前文分析所示，无论是从技术现实角度，还是从法理逻辑角度，算法透明都难以承担算法规制基本原则这一定位；充其量，它也只能扮演一个辅助角色。打个比方，算法透明原则在算法规制中的地位，就类似于《福尔摩斯》中的华生医生——他对于简单的案件事实调查和分析可能对福尔摩斯办案有帮助，但不是每个案子都派得上用场。弄清了算法透明作为华生医生这一定位，下文将给出线索，帮助我们寻找算法规制领域真正的福尔摩斯。

（三）算法规制的重构

正如前文所述，传统政治经济学对于透明原则的考量，出发点都和限制公权力密不可分。一方面，透明原则可以加强对政府的可问责性；另一方面，透明原则也可以赋予公民更大的知情权。然而，传统透明原则与本章所讨论的算法透明原则，在内在逻辑和实际应用方面，都有所不同。尽管政府也开始逐步使用算法施政，但目前大部分算法（包括大部分政府所使用的算法）都是由公司所开发，且这些算法的行为后果也不仅仅限于公民（也可能包括政府本身），因此，对于透明原则所能带来的强化政府可问责性和公民知情权两方面理据，并不能——至少不能完全——适用于算法透明原则。更重要的是，正如第二、第三部分所述，比之传统政治经济学上的透明原则，算法透明原则在可行性和必要性上，有着很大瑕疵。换句话说，在实际应用层面上，算法透明原则也难以兑现我们对传统透明原则所期待的规制效果。

当然，本章前面的内容，集中讨论了算法透明原则在算法治理中的应用及其限制。可是，到目前为止，本章还没有具体展开"算法如何规制"这一核心问题。基于我们对算法透明的合理定位，接下来，本章将抛砖引玉，提出算法规制重构方面的一些思考。由于算法透明在规制效力上的不足和限制，它仅仅能在一些情境下作为辅助规制手段。在应用特定的技术措施来矫正算法问题之后[59]的事后规制，尤其是算法问责，应该是法律人更应关注的重点。[60]

通常而言，事前规制注重损害发生前的防范，而事后规制则注重损害发生后的解决。就像前文 P2P 算法规制所揭示的那样，对于这两种不同规制进路的强调，有着强烈的现实意义。并且，如果我们从成本收益分析的维度切入这一现实意义，就可以看得更加清晰。事前规制往往在损害防范成本低于损害发生成本时，被优先采用。[61] 在算法规制这一领域，如前面第一、第二部分所述，算法透明作为事前规制模式的一种，其防范损害发生的成本太高（尤其在面对机器学习和人工智能时），[62] 收效没有保证。即便损害发生的成本很高（比如飞机失事），也不能保证算法透明这一事前规制模式是经济学上的更优选项。而事后规制在成本方面的好处主要有两点：其一，事后规制把一些很难获知且不一定有用的技术细节，利用事后规范或者追责的方式抹平了——我们把注意力集中到通过责任分配等手段来解决，进而从成本收益角度跳出了泥潭；其二，相比事前规制，事后规制在信息成本方面有着天然优势[63]——行为和后果往往在事后更容易得到明确，这点对于复杂算法所引发的后果尤其显著。本章限于篇幅，无力对算法规制做出细化的成本收益分析，但总体而言，笔者认为，事前规制在多数情况下，并非算法规制的更优选项，而作为事前规制手段的算法透明，更由于其在可行性和必要性上的不足，比之其他事后规制手段，其成本收益更显劣势。

除了成本收益考量之外，这两种进路的对比，也在某种程度上，折射出更深层次的两个算法规制理论面向：本质主义（Essentialism）和实用主义（Pragmatism）。这不禁让人想起几年前，雷恩·卡洛（Ryan Calo）和杰克·巴尔金（Jack Balkin）关于机器人规制的辩论。

对于机器人的规制，卡洛秉持本质主义进路，关注机器人的技术特性，认为我们一定要先搞清楚机器人技术的技术特性，然后再根据这些技术特性，来实施对技术的规制。[64]巴尔金对卡洛本质主义的批判，非常有力，也富有启发。他指出，包括卡洛本人在内的几乎所有当代美国法律人，都受到霍姆斯大法官的法律现实主义的影响。[65]而按照法律现实主义者对于法律与技术的理解，技术特点其实并不那么重要，真正重要的是技术的应用方式，以及这些应用所带来的、以权力配置为代表的社会关系变化。这是由于技术的背后，还存在着人们怎么使用、博弈甚至规避技术这些具体实践。而就像乔纳森·兹特芮恩（Jonathan Zittrain）提到的创生性（Generative）技术那样，人们在使用技术的时候，往往会背离开发人员的初衷，也可以有很多变化，也可以在使用过程中不断地改进技术。[66] 法律人应该关注这些技术变动背后的社会关系变动，而不是变化的技术本身。这显然是非常霍姆斯、非常实用主义的观点。

让我们回到 P2P 技术的例子。究其本质，P2P 技术就是一个共享文件的软件，但迅速被用来传播盗版音视频文件，并且依据这一特定需求开发出很多新的附带播放、缓存、去中心化等功能的盗版音视频共享"神器"。如果我们接受巴尔金的观点，把重点放在考察技术背后的社会关系，我们就能够跳出本质主义所设置的迷宫，更直接地回应具体的规制问题。不再过多纠结于技术本质，也可以帮助我们更好地考察与具体权利义务关系有着更直接关联的规制要素。比如对于 P2P 技术所引发的盗版问题的规制，与其纠结于技术本质，不如更多关注人们使用或规避 P2P 技术时，所引发的权利义务关系的变化。现如今 P2P 技术下载的盗版音视频作品得到遏制，除了法律规制以外，还要依赖于更便捷的流媒体（附带会员和广告营销）商业模式——既然获得正版成本没那么高，人们也就没必要承担 P2P 盗版的法律风险和麻烦。而这些都与 P2P 技术算法的具体细节，没有直接关联。

重温卡洛与巴尔金的论辩，有助于我们理解以算法透明为代表的事前规制与以算法问责为代表的事后规制的区别，这对算法规制理论的构建有重要意义。前者关注技术本质，后者关注技术所引发的后果，两种规制思路的分野，在某种程度上，恰恰折射了关于技术本质的算法透明与以算法问责为代表的、关注法律后果的规制模式的比照。算法透明，就是要规制者搞明白，目标算法究其本质是什么，根据算法的特性，来施以规制。而以算法问责为代表的事后规制模式，就是要规制者去考察算法在实际运作中的具体结果及其背后的社会关系变化，针对它们来施以规制。[67]

这种学术讨论上的比较，也有助于我们反思当前算法透明原则在理论上的悖谬，以避免陷入"透明""公开""开放"等大词的迷思，而忘却法律人面对的具体规制问题，以及其中可能存在的理论意义。换言之，法律人面对算法规制问题时，应当着重考量算法所引发的、以权力配置为代表的社会关系的变化（比如算法何以引发歧视性后果），而不是把关注点放在算法的技术本质（比如源代码是如何编写的）。

本章的论证进一步表明，带有强烈本质主义色彩的算法透明，在可行性和必要性上都存在瑕疵，只能作为算法规制的辅助手段存在。换句话说，算法本质应不应该被探究、能不能被探究清楚、探究清楚之后能否保证有效规制，在本章看来，统统存疑。反之，实用主义导向的事后规制手段，较之算法透明有着更多优势，应该作为算法治理中的主要手段，而且也应当是法律人可能的理论贡献所在。后者，才是法学界应对算法问题的福尔摩斯。

当然，有些人可能质疑，我们一开始就把解决问题的重点放到了算法应用效果上，那么算法本质与算法应用之间转化的相关规制问题，可能就会在结构上被忽略了。这并非笔者本意。事实上，正如笔者之前提到的，事后规制并不排斥针对显现的问题应用特定的技术措施来矫正算法问题，而且很多改造算法本质的技术措施，恰恰是由于事后规制倒逼而产生的。[68]

最后，我们再把这一规制进路，具象化地放到部分前例中。机场安检歧视，不应当算法透明，更适合事后问责；导弹试射事故，不应当算法透明，更适合事后问责；自动飞行事故，没必要算法透明，更适合事后问责；酒精检测失灵，没必要算法透明，更适合事后审计……而如何把后面这些具体的事后规制制度设计得更好，恰恰是法律人理应关注的问题。篇幅有限，笔者在本章中无意也无法提供完整的算法规制图景，但就目前文章所论，至少揭示了算法透明的局限性，以及事后规制在实践中和学理上的优越性，为后续的讨论提供了基础。

结语

为了应对当下算法在社会生活的应用中带来的一系列问

题，法学界对于算法规制，有着迫切的需求。而学界对于算法透明原则的推崇，在某种程度上也构成了算法规制问题及其制度回应的重要组成部分。然而，正如本章所揭示的，目前法律人所极力推崇的算法透明原则，作为事前规制的一种方式，其在可行性和必要性上，都存在瑕疵。本章无意完全否定算法透明在算法规制中的作用，但我们更应当充分认识算法透明的不足和适用的局限。而更为合理的规制手段，应当是实用主义导向的、以算法问责为代表的事后规制手段。

在此基础之上，本章旨在进一步揭示算法透明原则的理论意涵。不可否认，在切入法律与技术这一交叉领域时，法律人当然有必要对技术有所了解，才能言之有物。[69] 然而，法律人对于技术本质的过分强调，可能会带来研究的困境和危险，体现在两个方面：一是盲目夸大，由于自身技术专业能力不足，从而"神圣化"或"妖魔化"技术本质；二是削足适履，过分纠结于技术本质，导致无法充分考察法律及其他规制要素对技术所引发的社会关系的回应。毕竟，法律更应关注的，是算法失灵、算法歧视、算法共谋等问题所带来的权利、义务和责任的关系，而不是这些技术问题本身，而后者是计算机工程师更应关注的。

法律人一味强调算法透明，哪怕披上了一件漂亮的"科学"的外衣，其在法律和制度层面上的意义，依旧是模糊的，我们甚至可以断言，单纯地探究算法透明，将限制法学界在算法规制领域的贡献。在笔者看来，那些一味强调算法透明的法律人，一方面，很可能是对算法技术本身一知半解，对算法可知以及算法透明的应用范围和规制效用，抱有不切实际的期待；另一方面，恐怕对网络法也缺乏深入理解，把本来可供法律人思考和探究的算法规制问题，推给了算法本身以及算法开发人员，用"透明""公开""开放"这样的大词装点门面，以掩盖智识上的贫乏。说到底，算法所引发的法律问题，无论在私法还是公法领域，都要求法律人在侵权法中的第三方责任理论、注意义务理论、因果关系理论、行政法中的正当程序理论、问责理论、法经济学中的成本收益分析等法学理论框架下，甚至在更广阔的社会科学理论框架下，来讨论类型化的应对，并借此尝试提出新的理论洞见。

一个多世纪前，工业事故危机引发了美国法律制度的大变革，包括霍姆斯在内的诸多美国法学家参与了这一进程，向美国的法律体系引入和构建了侵权法、事故法和保险法体系，当时的许多理念和制度直至现在依旧屹立不倒。[70] 现如今的算法规制危机，从某种程度上，也是向法律人开启的一个契机——这同样是法律人面对的一个相对开放的领域，一个充满可能性的历史时刻。而正像本章揭示的，实用主义进路，更可能帮助法律人，跳出算法透明原则的迷思，找到能够传世的理念和制度。

注释

1. "算法社会""算法时代""算法世界"等指示日常生活与算法紧密关联的新词汇,已逐渐普及。比如 2016 年美国皮尤研究中心的一篇报告就使用了"算法时代"(Algorithm Age)一词。参见 Lee Rainie and Janna Anderson(Pew Research Center),"Code-Dependent: Pros and Cons of the Algorithm Age",2016。学理上,杰克·巴尔金将"算法社会"(Algorithmic Society)定义为一个通过算法、机器人和人工智能来进行社会和经济决策的社会。参见 Jack M. Balkin,"The Three Laws of Robotics in the Age of Big Data",78 *Ohio ST. L. J.* 1217, 1219(2017)。有关算法社会的讨论,还可参见 Danielle Keats Citron and Frank Pasquale,"The Scored Society: Due Process for Automated Predictions",89 *Wash. L. Rev.* 1, 3(2014);左亦鲁:《算法与言论:美国的理论与实践》,载《环球法律评论》2018 年第 5 期;丁晓东:《算法与歧视:从美国教育平权案看算法伦理与法律解释》,载《中外法学》2017 年第 6 期。

2. 贾开:《人工智能与算法治理研究》,载《中国行政管理》2019 年第 1 期。

3. David Lehr and Paul Ohm,"Playing with the Data: What Legal Scholars Should Learn About Machine Learning",51 *U. C. Davis L. Rev.* 653(2017).

4. 在此,仅举几个典型案例:喜达屋-万豪、华住等酒店集团住客信息数据泄露;个人征信巨头 Equifax 信用数据泄露案;Facebook 千万用户数据失窃;夏威夷虚假导弹警报信息;自动驾驶失灵致死事件;波音 737-Max 飞机控制系统失灵空难等。算法本身引发了全球普遍质疑。参见 Aaron Smith,"Public Attitudes Toward Computer Algorithms",Pew Research Center,2018。

5. Frank Pasquale,*The Black Box Society: The Secret Algorithms That Control Money and Information*,Harvard University Press,2015,pp. 8 - 11;Danielle Keats Citron,"Technological Due Process",85 *Wash. U. L. Rev.* 1249, 1253(2008);Paul Schwartz,"Data Processing and Government Administration: The Failure of the American Legal Response to the Computer",43 *Hastings L. J.* 1321, 1323-1325(1992);郑戈:《算法的法律与法律

的算法》，载《中国法律评论》2018 年第 2 期；汪庆华：《人工智能的法律规制路径：一个框架性讨论》，载《现代法学》2019 年第 2 期；蒋舸：《作为算法的法律》，载《清华法学》2019 年第 1 期；张凌寒：《算法权力的兴起、异化及法律规制》，载《法商研究》2019 年第 4 期。

6. 基于这一界定，本章选择不对"算法透明""算法公开""算法披露"三者做严格区分，行文中三词将交替出现。

7. 张恩典：《大数据时代的算法解释权：背景、逻辑与构造》，载《法学论坛》2019 年第 4 期；高学强：《人工智能时代的算法裁判及其规制》，载《陕西师范大学学报（哲学社会科学版）》2019 年第 3 期；刘友华：《算法偏见及其规制路径研究》，载《法学杂志》2019 年第 6 期；张淑玲：《破解黑箱：智媒时代的算法权力规制与透明实现机制》，载《中国出版》2018 年第 7 期。

8. Jeremy Bentham, "An Essay on Political Tactics", in 2 *The Works of Jeremy Bentham* 551（John Bowring ed., Edinburgh, William Tait 1843）; John Stuart Mill, *Considerations on Representative Government* 80–89（Henry Regnery Co. 1962）（1861）.

9. Martin H. Redish and Lawrence C. Marshall, "Adjudicator, Independence, and the Values of Procedural Due Process", 95 *Yale L. J.* 455, 478–489（1986）. 有关技术领域，透明原则与形式正当程序的讨论，参见 Danielle Keats Citron, "Technological Due Process", 85 *Wash. U. L. Rev.* 1249, 1254-1255（2008）.

10. ［美］迈克尔·舒德森：《知情权的兴起：美国政治与透明的文化（1945-1975）》，郑一卉译，北京大学出版社 2018 年版，第 1—9 页。

11. 马怀德：《行政法与行政诉讼法》，中国法制出版社 2015 年版，第 292—294 页。

12. 在此之前，许多有关算法透明的讨论，都局限在技术行业内部，多与开源软件（Open Source）运动有关。其中，最经典的说法，是埃里克·雷蒙德（Eric S. Raymond）在他讨论软件工程的名著《大教堂和市集》提到的 Linux 定律，亦即"只要让足够多双眼睛盯着，所有漏洞都将无处藏身"。参见 Eric S. Raymond, *The Cathedral and the Bazaar: Musings on Linux and Open Source by an Accidental Revolutionary*, O'Reilly

Media, 9 (1999).

13. Bush v. Gore, 531 U. S. 98 (2000).

14. COMM. ON FED. ELECTION REFORM, Building Confidence in U. S. Elections (2005); Jon Stokes, "How to Steal an Election by Hacking the Vote", ARS TECHNICA, (Oct. 25, 2006); Greg Reeves, "One Person, One Vote? Not Always", *Kan. City Star* (Sept. 5, 2004); Thad E. Hall & R. Michael Alvarez, Center for Pub. Pol'y & Admin. Univ. of Utah, "American Attitudes About Electronic Voting: Results of a National Survey" (Sept. 9, 2004).

15. 在2002年的《协助美国投票法案》中，就有诸多条款涉及投票机运行模式的披露（比如第301条和第303条）。同样地，电子投票专门委员会也在其指导手册中明文确立了透明原则。参见 "Procedural Manual for the Election Assistance Commission's Voting System Testing and Certification Program", 71 Fed. Reg. 76, 281 (Dec. 20, 2006)。学界对于算法透明原则在电子投票程序的应用更是不胜枚举，比如 Bev Harris, *Black Box Voting: Ballot Tampering in the 21st Century*, Talion Publishing, 2004; Andrew Massey, " 'But We Have to Protect Our Source!': How Electronic Voting Companies' Proprietary Code Ruins Elections", 27 *Hastings Comm. & Ent. L. J.* 233, 241-242 (2004); Lillie Coney, "A Call for Election Reform", 7 *J. L. & Soc. Challenges* 183, 188 (2005); Daniel P. Tokaji, "The Paperless Chase: Electronic Voting and Democratic Values", 73 *Fordham L. Rev.* 1711, 1773-1780 (2005).

16. Paul Schwartz, "Data Processing and Government Administration: The Failure of the American Legal Response to the Computer", 43 *Hastings L. J.* 1321, 1323-25 (1992); Danielle Keats Citron and Frank Pasquale, "The Scored Society: Due Process for Automated Predictions", 89 *Wash. L. Rev.* 1, 8 (2014); Frank Pasquale, "Beyond Innovation and Competition: The Need for Qualified Transparency in Internet Intermediaries", 104 *NW. U. L. Rev.* 105, 160-161 (2010); Frank Pasquale, *The Black Box Society: The Secret Algorithms That Control Money and Information*, Harvard University Press, 2015, pp. 8-11.

17. 美国有些法律和政策甚至直接将监督等同于透明，比如《自由信息法案》(The Freedom of Information Act),参见 5 U.S.C. § 552 (2012).
类似的立法还有《联邦机构数据挖掘报告法案》(Federal Agency
Data Mining Reporting Act of 2007),42 U.S.C. § 2000ee-3 (c) (2)
(Supp. III 2007).

18. Tal Z. Zarsky, "Transparent Predictions", 2013 *U. Ill. L. Rev.* 1503, 1506
(2013); Todd Essig, "'Big Data' Got You Creeped Out? Transparency Can
Help", *Forbes* (Feb. 27, 2012). 这其中,最典型的应当是弗兰克·帕
斯奎尔。当然,他本人对算法透明的理解更透彻,自然也对算法透明
的局限性有着比较清醒的把握。参见 Frank Pasquale, "Restoring Trans-
parency to Automated Authority", 9 *J. on Telecomm. & High Tech. L.* 235
(2011); Frank Pasquale, "Beyond Innovation and Competition: The Need
for Qualified Transparency in Internet Intermediaries", 104 *Nw. U. L. Rev.*
105 (2010).

19. 张群:《中国保密法制史研究》,上海人民出版社 2017 年版;[美] 戴
维·弗罗斯特:《美国政府保密史:制度的诞生与进化》,雷建锋译,
金城出版社 2019 年版。

20. Julian E. Zelizer, *Arsenal of Democracy* (2010). 对于美国国家安全和信
息保密的讨论,还可参见 Dana Priest and William Arkin, *Top Secret Amer-
ica: The Rise of the New American Security State*, Little, Brown and Compa-
ny, 2011。

21. 王金铨、陈烨:《计算机辅助语言测试与评价——应用与发展》,载
《中国外语》2015 年第 6 期;张艳、张俊:《我国计算机辅助语言测试
研究现状》,载《中国考试》2017 年第 5 期。

22. 有关谷歌搜索引擎的技术细节和商业模式,参见 Siva Vaidhyanathan,
The Googlization of Everything: And Why We Should Worry, University of
California Press, 2010; Amy N. Langville and Carl D. Meyer, *Google's Page-
Rank and Beyond: The Science of Search Engine Rankings*, Princeton Univer-
sity Press, 2012。

23. 内容农场(Content Farm)是纯粹以获得在算法排名高排位目的,雇
用大量人员来粗编乱造各类热门内容,以迎合搜索引擎算法需要的一
类公司。有关内容农场以及谷歌与内容农场之间的博弈,参见 Daniel
Roth, "The Answer Factory Demand Media and the Fast, Disposable, and

Profitable-as-hell Media Model", *WIRED*; Ryan Singel, "Google Clamps Down on Content Factories", *WIRED*。与 DuckDuckGo 和前两年刚刚被 IBM 收购的 Blekko 这类小搜索引擎不同，谷歌拒绝在其英文搜索引擎中设立黑名单，这也给内容农场及其派生网站留下了更大的博弈空间。

24. 《托福考题疑泄露 官方公布举报邮箱》，载《新京报》2015 年 2 月 1 日。

25. 例如，《网络安全法》第 45 条，《著作权法》第 3 条第 8 款，《反不正当竞争法》第 9 条。

26. Brenda Reddix-Smalls, "Credit Scoring and Trade Secrecy: An Algorithmic Quagmire or How the Lack of Transparency in Complex Financial Models Scuttled the Finance Market", 12 *U. C. Davis Bus. L. J.* 87, 91 (2011).

27. State v. Loomis, 881 N. W. 2d 749 (Wis. 2016).

28. 换句话说，选民们本身并不因为算法透明，就可以在投票环节博弈，来操纵结果。这与智能判卷算法有所不同，这是由于答卷人对于系统的投机性博弈（比如对于答卷模式的调整，以迎合算法评分需求），超出了系统控制范围之外。

29. ［美］劳伦斯·莱斯格：《代码 2.0：网络空间中的法律》，李旭、沈伟伟译，清华大学出版社 2018 年版，第 154—167 页；Danielle Keats Citron, "Technological Due Process", 85 *Wash. U. L. Rev.* 1249, 1308 - 1309 (2008); David M. Berry and Giles Moss, "Free and Open - Source Software: Opening and Democratising e-Government's Black Box", 11 *Info. Polity* 21, 23 (2006).

30. 事实上，即便是简单的算法，也存在不可知的情况，比如计算机领域著名的莱斯定理（Rice's Theorem），就证明了某类算法的不可知属性。参见 H. G. Rice, "Classes of Recursively Enumerable Sets and Their Decision Problems", 74 *Transactions Am. Mathematical Soc'y* 358 (1953)。此处之所以着重强调复杂性，是因为复杂算法的不可知情况更具代表性——它既包含了单一算法本身的原因，也包含了更普遍的、多组算法模块交互的原因。

31. Katherine Noyes, "The FTC Is Worried About Algorithmic Transparency, and You Should Be Too", *PC World* (Apr. 9, 2015).

32. Edsger W. Dijkstra, "The Structure of the 'THE'—Multiprogramming Sys-

tem", 11 *COMM. ACM* 341, 343（1968）.

33. Id. at 344. Helen Nissenbaum, "Accountability in a Computerized Society",
2 *Sci. & Engineering Ethics* 25, 37（1996）.

34. ［美］卡丽斯·鲍德温、［美］金·克拉克：《设计规则模块化的力
量》，张传良译，中信出版社 2006 年版，第 131—172 页。

35. 同上注，第 222—225 页。

36. Sendil K. Ethiraj and Daniel Levinthal, "Modularity and Innovation in Com-
plex Systems", 50 *MGMT. SCI.* 159, 162（2004）; Richard N. Langlois,
"Modularity in Technology and Organization", 49 *J. Econ. Behavior &
ORG.* 19, 24（2002）.

37. 同上注。API 全称是 Application Programming Interface，应用程序编程
接口。

38. Will Knight, "The Dark Secret at the Heart of AI", *MIT Technology Review*
（April 11, 2017）; Andrew D. Selbst & Solon Barocas, "The Intuitive Ap-
peal of Explainable Machines", 87 *Fordham L. Rev.* 1085（2018）.

39. Richard A. Berk, *Statistical Learning From Regression Perspective*, Springer,
13（2008）; Cary Coglianese and David Lehr, "Regulating by Robot: Ad-
ministrative Decision Making in the Machine-Learning Era", 105 *Geo. L. J.*
1147, 1156-1157（2017）.

40. 对于这三种机器学习算法的通行分类，笔者无意展开技术分析。唯一
与本部分论证有关的是，相对于后两者而言，计算机工程师对于监督
学习的把控度更高。对于后两者，只要机器学习算法正在动态运行，
我们就无法控制他们如何组合和比较数据，自然也无法顺利地解释机
器学习算法本身。

41. SPAMHAUS, available at: https://www.spamhaus.org/sbl.

42. Cary Coglianese and David Lehr, "Regulating by Robot: Administrative De-
cision Making in the Machine-Learning Era", 105 *Geo. L. J.* 1147, 1156 -
1157（2017）.

43. Eric Mack, "Google's AlphaGo Zero Destroys Humans All on Its Own",
CNET,（Oct. 20, 2017）; David Silver et al. , "Mastering the Game of Go
with Deep Neural Networks and Tree Search", 529 *NATURE* 484（2016）;
David Sliver et. al. , "A General Reinforcement Learning Algorithm That

Masters Chess, Shogi, and Go Through Self-play", *Science* 362, 1140-1144 （2018）.

44. Frank Pasquale, *The Black Box Society*：*The Secret Algorithms That Control Money and Information*, Harvard University Press, 2015, pp. 6-8. 值得一提的是，帕斯奎尔的《黑箱社会》里，更多的是指出黑箱社会，或者说算法不透明带来的问题，而关于解决之道，他也并非一味奉行算法透明。

45. Id. at 8, 16.

46. 参见本章第四部分。

47. 尹毅：《代码审计：企业级 Web 代码安全架构》，机械工业出版社 2015 年版。

48. Zakir Durumeric et al., "The Matter of Heartbleed", 14 *ACM Internet Measurement Conf.* 475 （2014）.

49. Managing Software Dependencies, GOV. UK Service Manual, available at：https：//www.gov.uk/service-manual/technology/managing-software-dependencies.

50. 约叔华·A. 克鲁尔、乔安娜·休伊、索伦·巴洛卡斯、爱德华·W. 菲尔顿、乔尔·R. 瑞登伯格、大卫·G. 罗宾逊、哈兰·余：《可问责的算法》，沈伟伟、薛迪译，载《地方立法研究》2019 年第 4 期。

51. COMPAS 全称是 Correctional Offender Management Profiling for Alternative Sanctions，简言之，COMPAS 通过算法计算出罪犯在前次犯罪后两年内的"累犯风险"，而算法所依据的是罪犯的各项生理特征和社会背景。COMPAS 通过算法，可以给每一位罪犯计算出他的"累犯风险指数"。

52. State v. Loomis, 881 N. W. 2d 749 （Wis. 2016）.

53. James Grimmelmann, "Regulation by Software", 114 *Yale L. J.* 1719, 1741-1743 （2005）.

54. Association for Computing Machinery Public Policy Council, "Statement on Algorithmic Transparency and Accountability" （Jan. 12, 2017）.

55. 参见本章第二部分。

56. 类似地，国内业界对于人工智能和深度学习软件进行规制时，主要也采取了事后规制的手段。参见中国人工智能开源软件发展联盟，《人工智能-深度学习算法评估规范》，2018 年 7 月 1 日。

57. Alfred C. Yen, "Internet Service Provider Liability for Subscriber Copyright Infringement, Enterprise Liability, and the First Amendment", 88 *Geo. L. J.* 1833 (2000).

58. 有关 P2P 技术的几个经典判例，参见 A&M Records, Inc. v. Napster, Inc. , 239 F. 3d 1004 (9th Cir. 2001); In re Aimster Copyright Litig. , 334 F. 3d 643 (7th Cir. 2003); Metro-Goldwyn-Mayer Studios Inc. v. Grokster, Ltd. , 545 U. S. 913 (2005). 到了 2005 年的 Grokster 案，法官已经摒弃了原有的技术层面的"中心服务器模式"和"去中心服务器模式"的区分，而将案件的焦点放在帮助侵权责任与替代侵权责任的问题中。

59. 对于具体技术措施，可以参考克鲁尔等人的文章，其中提及四种常见的矫正算法规制问题的技术措施，亦即软件检验、加密承诺、零知识证明和公平随机选择。参见约叔华·A. 克鲁尔、乔安娜·休伊、索伦·巴洛卡斯、爱德华·W. 菲尔顿、乔尔·R. 瑞登伯格、大卫·G. 罗宾逊、哈兰·余:《可问责的算法》，沈伟伟、薛迪译，载《地方立法研究》2019 年第 4 期。这一部分前置程序，并非本章讨论的重点，但需要强调的是，多种事后规制手段，都可能反过来倒逼相关技术措施的开发与应用。

60. 中国人工智能开源软件发展联盟，《人工智能-深度学习算法评估规范》，2018 年 7 月 1 日。

61. Steven Shavell, *Foundations of Economic Analysis of Law*, Belknap Press, 2004, pp. 87-91, 428-430, 479-482.

62. 必须承认，技术发展是一个动态、多维度的过程。如果未来可以回到我们在算法原初之时对其的把握和认知，那么算法透明的成本是可以降低的。但目前我们看到的趋势，正好与之相悖:2019 年图灵奖就颁给了研究人工智能和深度学习的几位科学家，而他们的研究成果，恰恰是增加算法透明的成本。

63. 有关事后规制在信息成本方面优势的经典论述，参见 Richard A. Posner, *Economics Analysis of Law*, 490—491 (8th ed. 2011).

64. Ryan Calo, "Robotics and the Lessons of Cyberlaw", 103 *Cal. L. Rev.* 513 (2015).

65. Jack M. Balkin, "The Path of Robotics Law", 6 *Cal. L. Rev. Circuit* 45

（2015）。巴尔金将其文章标题取为"The Path of Robotics Law"，为的是呼应霍姆斯法官的经典文章"The Path of Law"。参见 Oliver Wendell Holmes, Jr., "The Path of the Law", 10 *Harv. L. Rev.* 457（1897）。霍姆斯法官在文章中强调：由于法律是社会生活综合力量所推动而成，我们应当从其社会功能和具体适用角度来理解法律。事实上，不单单是美国法学界受到实用主义的影响，实用主义的痕迹遍及整个 20 世纪的美国社会科学界。参见［美］多萝西·罗斯：《美国社会科学的起源》，王楠、刘阳、吴莹译，生活·读书·新知三联书店 2019 年版。

66. Jonathan Zittrain, *The Future of the Internet：And How to Stop It*, Yale University Press, 2008, p. 67.

67. Deven R. Desai and Joshua A. Kroll, "Trust but Verify：A Guide to Algorithms and the Law", 31 *Harv. J. L. & Tech.* 1, 6（2017）。

68. 比如美国通过《儿童在线隐私保护法》（COPPA）及后续一系列判例形成对算法的事后问责之后，儿童保护网络内容软件的不断改进迭代。

69. 戴昕：《超越"马法"？——网络法研究的理论推进》，载《地方立法研究》2019 年第 4 期。

70. ［美］约翰·法比安·维特：《事故共和国：残疾的工人、贫穷的寡妇与美国法的重构》，田雷译，上海三联书店 2013 年版，第 6—9 页。

第三章
网络平台责任

随着数字经济的发展，版权纠纷、数据安全、隐私保护等问题引起社会公众的日益关注，并进入我国立法、行政和司法机关的视野，随之而来的是平台责任制度研究文献不断发展和深入。

平台虽是网络规制的规制对象，却由于它的特殊地位和功能，常常成为网络规制的抓手，甚至有时候成为网络规制的规制者本身。因此，对于网络上的非法行为，平台到底要不要承担责任，要在多大程度上承担责任，一直是网络规制的迷思之一。可是，在诸多研究中，除了网络知识产权领域偶尔提及，国内学界对技术避风港（Technology Safe Harbor）的研究基本空白，尚未出现关于技术避风港基本原理的讨论，也没有学者对不同领域技术避风港的具体实践进行总结归纳，更不用说结合中国平台治理实践在制度层面展开分析和反思。这对我国平台责任理论研究与相关规制实践而言，既是一个缺憾，也是一种迷思。

早在二十多年前，美国学者劳伦斯·莱斯格就曾提出：

"代码即法律"。[1] 而这一论断落实到平台责任制度实践中，便是利用技术手段来治理平台。具体而言，国内外平台早已在大量商业实践中，利用技术来实现对网络违法内容和行为的事前、事中和事后的治理。而作为激励技术规制的一项法律制度，技术避风港也得到各国互联网监管机构的青睐，成为其监管工具箱内的常规武器。[2]

本章从平台责任视角出发，首先对技术避风港基本原理进行分析，指出技术避风港对于平台审查负担、用户权利保护、监管职能分配等各个层面，存在着有别于其他平台责任类型的法律效果；而随着互联网技术的普及和成熟，技术避风港的治理优势愈发凸显，也因此有着越发宽泛的应用前景。紧接着，通过对技术避风港制度具体实践的反思，可以发现：尽管技术避风港在平台治理中作用突出，但若被滥用，也可能引发加重中小平台负担、难以应对规避技术、技术清单更新障碍等新问题。为了在"压实主体责任"的规制大背景下，[3] 更有效地发挥技术避风港的规制作用，本章结合我国当前平台治理实践，探讨技术避风港的可行性及其局限性。本章指出，面对当前我国主体责任过于粗放、技术规制激励不足的现状，合理引入技术避风港，可以提升平台治理效率，也更能适应技术更迭，进而在总体上改善网络平台的法律监管，"推进网络空间法治化"，进而规范平台经济健康有序发展。

平台责任谱系下的技术避风港

当用户在网络平台上发布违法言论或实施违法行为时，平台是否需要承担责任？这一问题向来是互联网治理的核心议题。

我国学界针对平台责任的讨论，最初集中在版权侵权领域。早期互联网由于其用户端的匿名性和监管端的缺位，网络盗版横行，版权侵权纠纷一旦发生，权利人很难锁定直接侵权人寻求救济；即便锁定直接侵权人，后者也很可能不具备足够的经济能力赔偿损失。[4] 正是在此现实背景下，间接侵权责任被引入。平台作为网络内容和行为发生的枢纽，是间接责任的承担者；平台所承担的间接责任，也就是最典型的平台责任。[5] 于是，我们也就不难理解，为什么早期平台责任是以替代责任（Vicarious Liability）或帮助侵权责任（Contributory Liability）这两种侵权法的间接责任类型，出现在我国网络法早期的研究和讨论中。[6]

早在20世纪90年代初，美国就已出现平台责任问题，并有着超越版权侵权之外的、更多维的实践和研究。历经三十余年，美国平台责任制度发展出如下四种类型：严格责任制度（Strict Liability）、基于过错的平台责任制度（Fault-based Liability）、责任避风港制度（Safe Harbors）和完全豁免制度（Absolute Immunity）。这几类平台责任制度程度不一，除严格责任和完全豁免这两个互相排斥的极端之外，都可以搭配组合，构成针对特定网络违法内容或行为的规制模式。

从制度史上看，美国平台责任经历了"由严格到宽松再回归严格"的钟摆式演进历程。20世纪90年代早期，网络违法内容和行为有限、治理手段匮乏，因此，严格责任存在相当大的适用空间。在严格责任制度下，无论过错与否，只要平台上出现违法内容或行为，平台都须担责。[7] 不难想见，严格责任推高平台合规成本，可能扼杀萌芽状态下的互联网产业。正是注意到这一危险，随着互联网产业逐步发展并成为美国鼓励发展的新兴产业，严格责任制度适用范围被一步步限缩。到了90年代中后期，以《传播风化法》第230条[8]和泽兰案[9]为代表的立法和判例，将美国平台责任制度骤然推向钟摆的另一端——完全豁免制度。在完全豁免制度的庇护下，平台对大部分违法用户内容和行为都无须承担责任。[10] 随着新千年的到来，面对越来越猖獗的网络侵权，美国也开始反思并逐渐摆脱原有的完全豁免制度，根据不同网络侵权场景，摇摆于严格责任制度和完全豁免制度两端之间。由此催生出一系列基于过错的平台责任制度，这也包括了前述替代侵权和帮助侵权责任。[11] 尤其值得关注的是，在美国平台责任制度钟摆式演变过程中，一系列责任避风港应运而生，其中最具代表性的有两类：一类是学界耳熟能详的"通知–删除"避风港（"Notice and Take Down"Safe Harbor)[12]；另一类是学界关注较少的技术避风港。[13]

由于先发优势，美国平台责任制度有着丰富的理论和实践经验，不断为包括中国在内的互联网产业后发国家所借鉴，因此对美国平台责任制度的讨论具备了超越美国法的普遍意义。我国的平台责任体系最早也是从美国汲取制度经验。典型例子出现在早期网络知识产权领域，《信息网络传播权保护条例》近乎照搬美国《千禧年数字版权法案》的"通知－删除"避风港。其规制思路也与美国别无二致：一方面，平台作为整个网络内容和行为的枢纽，不能将其置身事外、完全豁免；另一方面，毕竟纠纷是发生在第三方，也不能将所有责任一并推给平台，必须留出免责空间。在中美两个互联网产业大国的规制实践中，这一平衡需要各种法律制度载体，而避风港制度就是其中之一。

当前我国监管机构不断强调"主体责任"（近似但又超越严格责任），[14] 这自然是与网络纠纷的复杂性和我国运动式治理的传统不无关系。因此，平台为规避法律风险，不得不投入大量合规成本，甚至大规模封杀用户内容或行为，引发寒蝉效应，不利于产业健康发展。[15] 如果在平台制度中缺乏足够的免责激励机制，导致平台即便采取技术规制措施，仍需承担主体责任，那么作为违法内容治理桥头堡的平台，就将缺乏实质动力来建立精细化技术规制体系。此时，技术避风港就变成一个监管机构认可的、法律上合规的路径，它能够加强企业对平台责任的预期，激励平台开发和改进用户内容和行为治理技术。[16] 和"通知–删除"避风港等其他责任避风港一样，只要技术避风港的制度设计公开明晰，就将使平台对法律后果有着明确预期，[17] 从而激励和引导平台放开手脚部署资源和创新技术。[18] 这对于我国的互联网治理由主体责任粗放式转向技术场景精细化有着重大意义。

技术治理与技术避风港

"代码即法律"。二十多年来，技术治理已逐渐成为网络空间治理的常规手段，其重要性有时甚至超越传统法律在社会治理中的地位。可以想见，社交平台的一段关键词屏蔽代码、视频平台的一套版权过滤机制、游戏平台的一批封号指令，这些技术治理手段比起正式法律规范，对网络用户的影响更直接甚至更有效。对技术治理最敏感的，自然是技术实力更强的网络平台。在违法内容和违法行为治理层面，无论是出于监管压力，还是规避风险，甚至是维持社群规范，平台在技术治理道路上从未止步。[19]

以互联网巨头谷歌为例，旗下视频内容平台和文字内容平台，就分别采取了两类技术治理措施，并都成为行业技术治理的标杆。针对视频内容平台的重灾区——版权侵权，谷歌开发了 Content ID 系统。版权权利人在系统备案其作品，系统为版权作品打上数字指纹，并在技术上对用户上传的作品与版权作品做出高效比对，并依据比对结果区别对待。谷歌运用这一技术清除了平台98%以上的侵权内容。[20] 无独有偶，针对文字内容平台的高危地带——低俗言论，谷歌开发了 Google Perspective 技术方案。该技术方案采取机器学习算法分析用户内容，根据其"毒性"（Toxicity）指数——言论越低俗，毒性指数越高——分级分类管理用户内容。[21] 尽管类似 Content ID 和 Google Perspective 这类技术治理措施可以成为平台在诉讼中"履行注意义务"的抗辩事由，但它并不必然构成法律上的责任避风港。

有别于上述自发技术治理措施，技术避风港由监管机构以规范方式，确定相应技术作为责任豁免条件。具体而言，技术避风港是指：监管机构通过技术审核，认定一项或多项技术方案作为合规技术方案，一旦平台按照要求采取了合规技术方案，就能获得平台责任豁免，亦即，平台无须再为平台上出现的用户违法内容或行为担责。与司法过程中以"技术标准"或"必要技术措施"作为侵权抗辩[22] 的不同之处在于，技术避风港以更明确的方式，免除部署特定技术方案的平台的法律责任，为平台指明了一条附带技术条件的合规途径。

技术避风港的优势突出体现在其规制效率方面，这对平台和监管机构都是如此。对平台而言，由于用户内容和行为庞杂（对于中国、美国、印度这类网络用户体量较大的国家尤其如此），平台承担较高的法律责任风险；[23] 在这一背景下，技术避风港由于得到监管机构认可，可以被平台用来强化自身的免责预期。[24] 对监管机构而言，它们也可以通过部署技术避风港，激励平台采取技术规制，从而将有限的监管资源投放在更为复杂的、需要人为介入的纠纷中。

从定义可以看出，和"通知–删除"避风港一样，技术避风港也是平台通过主动作为，换取法律责任豁免。然而，它与"通知–删除"避风港仍存在两大区别：第一，前者一经平台主动采用就普遍生效，后者须经受害人通过个案启动避风港进程；第二，前者属于事前预防措施，规制目标是防患于未然，而后者属于事后干预措施，规制目标是救济于水火。

技术避风港的类型

根据技术评估方式不同，我们可以将技术避风港分为两类：一类是白名单型技术避风港，另一类是自评估型技术避风港。

（一）白名单型技术避风港——以 COPPA 技术避风港为例

白名单型技术避风港，是指监管机构审核认定用于规制特定内容或行为的技术，将其列入技术白名单，一旦平台部署技术白名单内的技术，就对平台上的第三方违法内容或行为免责。白名单型技术避风港的经典案例，是美国联邦贸易委员会（FTC）主导的 COPPA 技术避风港。

COPPA 技术避风港从 1998 年开始启用，迄今已有二十多年历史，这在互联网时代堪称"悠久"。1998 年称得上是"平台责任避风港元年"，当年国会接连通过《千禧年数字版权法案》（DMCA）[25] 和《儿童在线隐私保护法》（COPPA）。[26] 前者创设了版权领域的"通知-删除"避风港；后者则创设了未成年人保护领域的白名单型技术避风港。顾名思义，COPPA 立法目的是在网络空间中保护未成年人隐私，该法案禁止他人在互联网上收集、使用或披露儿童个人信息。而就像法案中明确提出的，COPPA 将"激励网络平台采取技术规制手段进行自我监管"。其最重要的手段，就是利用技术避风港。具体而言，负责 COPPA 执行的美国联邦贸易委员会以白名单的方式，列出符合儿童在线隐私保护标准的技术清单。只要在美国经营的网络平台采取了任意一项白名单内的技术，就可换取相应的平台责任豁免。

和其他技术避风港一样，COPPA 避风港的免责环节相对简单，要害在于技术审核认定，亦即：如何确定白名单上的技术方案？COPPA 避风港要求技术方案提供商和行业团体向 FTC 提交儿童信息保护技术白名单申请，经过 FTC 组织专家进行实质审核，一部分技术被列入技术白名单，并且这份白名单将随着技术发展和定期审核而不断更新。[27] 很长一段时间里，COPPA 白名单列表有 7 种技术方案：Aristotle、Children's Advertising Review Unit（CARU）、Entertainment Software Rating Board（ESRB）、iKeepSafe、kidSAFE、Privacy Vaults Online（d/b/a PRIVO）和 TRUSTe。2021 年 8 月，Aristotle 由于审核不达标，被剔除出局，自此，COPPA 白名单仅剩 6 种。平台一旦采用 6 种技术方案中的其中之一，相关技术就会在平台上发挥儿童隐私保护的功能，哪怕无法尽善尽美，也无须为儿童隐私泄露担责。

（二）自评估型技术避风港——以隐私盾技术避风港为例

随着技术发展和应用的复杂化，要求监管机构对每项技术都进行实质技术审查的白名单型技术避风港，逐渐将监管机构技术能力和资源匮乏的特点暴露出来——监管机构没有足够的技术人员来审查数量大、复杂程度高的技术方案。于是，自评估型技术避风港随之出现。自评估型技术避风港，是指由平台自行评估以证明其所用技术方案符合合规标准，监管机构审核平台提交的自评估报告，一旦认证该技术方案符合规制标准，平台就对相应的用户违法内容或行为豁免责任。与白名单型技术避风港不同，监管机构审核的是平台主动提交的自评估报告，而非技术方案本身，降低了监管机构的审核难度。

自评估型技术避风港的典型实例是隐私盾技术避风港。隐私盾技术避风港的源头是由美国商务部主导的《避风港协议》（*Safe Harbor Agreement*）。由于美欧数据隐私保护标准不同，《避风港协议》曾长期为通过技术避风港认证的美国企业提供平台责任豁免。然而，"斯诺登事件"爆发后，欧盟最高法院认定《避风港协议》未能充分保证欧洲公民的数据隐私，进而被裁定无效。[28] 之后，美国和欧盟又补充签订了《隐私盾协议》（*Privacy Shield*）。与前者类似，《隐私盾协议》亦包含自评估型技术避风港——平台提交其所采取的隐私保护技术方案的自评估报告，一旦被认定达标，则可以在《隐私盾协议》框架下享受相应的跨境平台责任豁免。尽管后来《隐私盾协议》再次被欧盟最高法院裁定无效，但是美国商务部继续提供隐私盾技术认证业务，作为企业跨境数据合规的一项重要指标。自评估型技术避风港与白名单型技术避风港不同，美国商务部只审查技术供应商提供的自评估报告，一旦发现自评估报告与实际存在误差，那么隐私盾将不再为其提供技术认证。[29] 至今，美国已有 2974 家科技公司通过美国商务部审核，获得隐私盾技术认证；另有 3267 家科技公司在申请后，未能获得隐私盾技术认证或认证失效。[30]

技术避风港的中国实践

由于相关研究和实践的空白，我国目前尚未出现类似 COPPA 技术避风港、隐私盾这般成熟运转的技术避风港机制。然而，在实践中，我国的一些网络规制机制也可以被解读成技术避风港的雏形。比如，2021 年通过的《个人信息保护法》第 4 条第 1 款规定："个人信息是以电子或者其他方式记录的与已识别或者可识别的自然人有关的各种信息，不包括匿名化处理后的信息。"这句除外条款的规范意涵在于：使用了匿名化技术处理的个人信息，不再属于《个人信息保护法》所定义的个人信息，也将被排除在该法的责任范围之外。[31] 这是立法者为了平衡平台保护个人信息的责任与平台对个人数据利用做出的妥协。而如何真正在规制实践中落实这一妥协，立法者实际上也指出了一条通向技术避风港的进路：通过特定匿名化技术的应用，成为《个人信息保护法》所认可的"匿名化处理"，进而在该法的框架内免除个人信息保护的责任。同样，这一类似技术避风港的规定也不具有任何强制性，平台可以选择不将个人信息匿名化，也可以选择将个人信息匿名化，甚至可以选择在多大程度上将个人信息匿名化；最终的选择，取决于平台如何权衡平台责任风险与个人信息利用。

此外，在网信办的牵头下，相关技术自评估指南也呼之欲出，比如，在应用程序（App）收集使用个人信息领域，2019 年年底，围绕中央网信办、工信部、公安部、市场监管总局联合制定的《App 违法违规收集使用个人信息行为认定方法》，我国 App 专项治理工作组就发布了《App 违法违规收集使用个人信息自评估指南》；同时，全国信息安全标准化技术委员会也编制了《网络安全标准实践指南——移动互联网应用程序（App）收集使用个人信息自评估指南》。这些自评估指南虽然尚不足以成为自评估型技术避风港，但也体现了监管需求增加后，无论是监管机构，还是平台，对于通过自评估降低平台责任风险预期的期待。

法理分析：技术避风港的非强制性

通过对白名单型技术避风港和自评估型技术避风港的考察，我们可以总结技术避风港的特点。如上文所述，两类技术避风港的相同之处在于：它们都赋予网络平台一个责任豁免的技术方案选项，亦即采取特定技术方案以换取相应的法律责任豁免。

必须强调，就其法律性质而言，技术避风港只是平台可以采取的一个"选项"。一方面，和现实中的避风港一样，平台不一定要进入避风港；平台可以选择不进避风港，继续出海航行，并因此承担相应责任风险。事实上，只要责任风险（诉讼损害赔偿金、和解补偿、商誉损失等）低于平台放任违法用户内容或行为所得的收益，那么平台在权衡之后，完全可以选择不进避风港。同时，平台（尤其那些难以负担技术避风港合规成本的平台）还可以选择牺牲避风港所指向的风险高、合规成本高的网络服务，而经营其他风险低、合规成本低的网络服务。

另一方面，避风港在法律意义上，并不是一种强制性规则。这就将技术避风港与技术强制措施（Technology Mandate）区别开来。技术强制措施在国内外网络规制实践中并不少见。比如，美国和加拿大为了控制流媒体中有害未成年人的内容，而强制要求电视机生产商安装 V-chip。[32] 再比如，中国为推动互联网未成年人保护而强制公共计算机系统安装"绿坝-花季护航"软件。[33] 与技术避风港不同的是，V-chip 和"绿坝-花季护航"这类技术强制措施，是由监管机构自上而下直接强制软硬件平台安装。此时，平台毫无选择，只能服从，否则违法。[34] 类似技术强制标准早期散见于环境安全、食品安全、国家安全等领域，在行政法领域已有很多讨论。[35] 技术强制措施最大的弊端是：错误成本（Error Cost）太高。面对更迭较快的技术（尤其是规避技术），技术强制措施这种近乎"一刀切"的规制方式，很难把握分寸，很容易在技术更迭下陷入规制不足（Under-inclusive）和规制过度（Over-inclusive）的陷阱。恰如当年"绿坝-花季护航"的规制失败，最后也惹得一地鸡毛、民怨载道。[36] 相较于技术强制措施，技术避风港由于不具备强制性，可以降低错误成本风险，为监管与合规保留一定弹性，因而也更有利于及时回应技术更迭。

法理分析：技术避风港的审核评估方式

白名单型技术避风港和自评估型技术避风港二者最重要

的区别，是技术审核评估方式。实际上，评估平台所采取的技术措施，向来是平台责任认定的重要环节，类似实践普遍存在于司法实践中。[37] 在一系列早期案例中，法院承担了技术方案的审核评估工作，判定平台采取某项技术可否作为平台免责的抗辩或条件。例如，在 2000 年法国雅虎案中，法国法院在听取技术专家证词后，认定在技术上雅虎过滤纳粹纪念品拍卖网页完全可行，并以此要求雅虎采取相关技术措施，屏蔽法国用户访问纳粹纪念品拍卖网页，为雅虎的平台内容合规，指明了一条责任避风港的技术路线。[38] 与之类似，在 SABAM 案中，比利时法院通过审核控辩双方技术专家的评估，驳回了网络平台采取特定技术换取责任豁免的认定诉求。[39] 这两案虽然不属于技术避风港案例，但在这两案中，法院都变相承担了技术方案的审核评估工作：由技术专家提供报告，法院裁定相关技术部署是否足以豁免平台责任。

然而，由司法机关来承担技术评估职能并不适当。绝大多数法官并不具备技术专长，不能准确分析技术类案件所涉及的复杂多变的技术。[40] 布雷耶法官在 Grokster 案中概括得非常准确："比起其他公权力机关，面对新技术所引发的各种竞争利益的组合分配，法院尤其显得无所适从。"[41] 事实上，随着新技术的出现，天然保守倾向的法院总会在"依据新技术创设新规则"与"遵循旧有先例"之间摇摆不定。实证研究也表明，在技术类案件的裁判过程中，矛盾裁判的可能性比起普通案件更大。[42] 此外，通过法院来审核评估技术进而认定技术避风港存在一个潜在弊端，某项技术在某个法院被认证合格，但在另一个法院则可能得出相反结论，除非是同管辖区域高级别法院做出裁判，或者被提炼为高位阶的判例或司法解释，否则，将极易造成技术避风港认定的混乱和不确定性，长此以往必将损害司法机构审理技术案件的公信力。

本章认为，无论是白名单型技术避风港，还是自评估型技术避风港，都应当由行政机构来承担审核评估职能。[43] 尽管法院在个案中可能采取较为精细的审核，但是在大规模技术应用的背景下，比起司法机构，行政机构通常拥有更多技术审核所必备的专业知识和相关技术人员，因而也更有把握在特定技术发展阶段，裁断哪些可行技术方案能满足规制需求。此外，行政机构也更有能力调动行政资源，动员网络平台、技术提供商或相关行业标准制定组织，审定技术评估标准。[44]

当然，两类技术避风港，对行政机构技术审查的要求有所不同。针对白名单型技术避风港，行政机构在前期需调动多方参与技术避风港的审核评估，来确定哪些技术方案可以被纳入技术避风港。而在此之后，行政机构需要采取定期例行审查（年检、月检等），及时更新白名单，剔除后续未能达标的技术方案。例如，FTC 第一次确定 COPPA 白名单之时，就在吸收行业组织、利益相关方和公众意见后，最终敲定技术方案的审核策略，而 COPPA 白名单在二十多年来的适用历程中，虽未发生大变动，但定期审核评估机制依然发挥作用。比如在 2021 年 8 月，FTC 就将年检不达标的 Aristotle 技术方案，剔除出白名单.[45]

针对自评估型技术避风港，相关行政机构的审核是持续性的而非阶段性的。相关行政机构必须设立专门审查部门，就特定技术领域，对前来申请的平台做出自评估审核。例如，隐私盾技术避风港的审核工作，便是依赖美国商务部下设的国际贸易署（International Trade Administration），这是一整套人员冗杂的官僚审查制度，其中隐私盾技术避风港主要由数字服务办公室（Digital Services Industries）负责。我国目前行政机构对于技术评估方面尚缺乏足够的资源、能力和经验，因此，行业内部也出现了一系列自评估体系和相关指南。[46] 这种由监管机构评估向自评估转变的趋势，是一个数字服务扩张超越行政资源所能审查范围后的普遍现象，这种现象也折射出监管机构的技术审核评估困境：一方面，数量和复杂程度的上升推高了监管成本，另一方面，与监管对象之间往往存在信息不对称和技术不对称。

与上述行政机构技术审查方式相关，两类技术避风港在刚性程度上也不相同。尽管存在特定技术领域的差别，但总体上白名单型技术避风港由于提供了非白即黑的技术清单，技术标准的刚性更强，只要平台采用白名单上的技术，就可以获得相应的平台责任豁免。反观自评估型技术避风港，它的评估对象是个体平台所部署的技术方案，每个平台都有各自的技术方案，因此，自评估型技术避风港不可避免地要根据技术规制所预期的实际规制效果，来拟定相应的技术标准，其技术标准通常因顾及中小平台的合规成本而不得不保留足够的弹性和余地。

必须指出的是，技术避风港审核评估的重点应该是技术效果，而非技术属性。正如杰克·巴尔金在与雷恩·卡洛辩论时所指出的，从法律和政策的角度来看，真正重要的不是技术属性，而是技术所引发社会关系变化的后果。[47] 具体而言，法律人和政策制定者应当着重考察某项待评估技术是不是在效果上真正实现了对违法内容和行为的规制目标。也就是说，在审核评估时，我们不应仅仅关注技术或算法本身，而应将更多注意力转移到技术效果上。因此，技术避风港的评估，需要一个基于技术效果的动态评价。这对指导技术避风港实践很重要——只要聚焦于技术效果上，技术故障、算法透明等诸多问题，就不会持续困扰行政机构，因为这些法律人所并不擅长裁定的技术属性的影响，最终也将反映在法律人所能观察到的技术效果上。[48] 而基于技术效果的评估，在实践中更容易通过测试样本、测试语料库等手段加以检验和测算。这样一来，通过算法竞争（Algorithm Competition）的模式，由申请技术避风港资质的技术开发商各自开发算法，并通过统一的测试评估数据池来竞争，根据规制效果优胜劣汰，规制效果更优的技术进入白名单，规制效果不佳的技术被淘汰。[49] 并且，这类算法竞争不是一锤子买卖，而是一个动态持续的过程。可以想见，随着技术的发展变化，有些技术方案将脱颖而出，推高规制效益标准，另一些技术方案则可能被破解、被淘汰。这样的技术竞争将反过来刺激技术开发者继续改进自身技术，以算法竞争方式，最终提升网络治理的整体水平，长此以往，甚至可能重塑更具可规制性的数字基础设施。[50]

技术避风港的反思与平台责任制度的重塑

综上所述，技术避风港作为平台责任制度演变的产物，历经多年发展，已成为各国网络规制工具箱中的一套常规武器。但从理论上我们如何看待这种新型规制模式？技术避风港能否成为网络规制的万灵药？技术避风港与其他平台责任类型的关系如何？本部分将尝试对这几个问题做出回应，以期提出有助于发挥技术避风港优势、降低其潜在风险的思考。

第一，技术避风港面临合规成本的问题。与任何规制技术一样，平台一旦采用技术避风港，就会产生合规成本；一旦成本过高，那它就有可能变相成为平台服务的准入壁垒，这也是责任避风港制度经常遭受质疑之处。大平台有可能利用技术避风港，将那些无力承担技术避风港开发或应用的中小平台驱逐出网络服务市场。这是一个值得重视的质疑；对此，本章有三个回应。首先，如前文所述，平台可以选择进入技术避风港，也可以选择不进入。到底要不要进入技术避风港，一方面，取决于技术避风港所豁免的平台责任是否会实质影响该平台的商业模式；另一方面，也取决于成本收益分析——如果进入避风港的成本大于责任风险成本，那么，企业可以选择不进入避风港，而做出其他选择，比如放任不规制、全面规制、人力监控等。例如，个人博客在访问量较少且稳定的情况下，通常选择不进避风港，由管理员通过人力监控用户内容。其次，在技术避风港的实践中，监管机构也可以采取一系列手段来尽量降低小平台的合规成本。监管机构解决这类问题的手段之一，是在技术避风港的过渡期内引入日落条款（Sun-set Provision）。日落条款可以使中小平台在正式进入技术避风港之前，有一定缓冲期可以自行开发相应技术或寻求技术供应商的支持，并在此特殊期间暂时享受技术避风港的责任豁免。[51] 最后，技术避风港的制度设计，将持续激励相关技术开发商的创新，通过技术方案的市场竞争，改进规制效果，压低合规成本，否则将不受平台青睐直至被淘汰。这种技术竞争，还将产生溢出效应，因为所有技术规制体系都需要优化违法内容和行为的识别能力，相关技术都可能被单独使用或与其他技术结合使用，还可能被其他平台、监管机构、用户所使用，从而提高全网络针对违法内容和行为的整体规制水平。[52] 而且，一旦技术避风港在网络平台上大规模应用，长远来看，将引发技术架构的重塑，平台与平台之间针对同一类侵权内容或行为的合规成本将系统性降低，[53] 也将催生出更具可规制性的数字基础设施，这不但有利于促进信息要素交易和流动，[54] 还有利于系统性地降低技术规制成本，提高规制效益。

第二，无论是白名单中的技术方案，还是已通过自评估的技术方案，都可能被破解、被规避；因此，面对日新月异的互联网技术，在法律规制层面，如何保证在技术可行的前提下，激励平台主动实施有效的技术规制，现实中这种法律规制的不确定性和不稳定性依然存在。这种不确定性和不稳定性在法经济学上，便提升了避风港规则制定成本。[55] 然而，避风港规则制定成本的提升，并不必然预示着监管效率降低。高效规制，并不等于完美规制。事实上，面对大量重复发生、模式统一的违法行为，规则制定成本可以分摊，执法成本几乎为零（因其转嫁给平台技术），从而降低解决违法行为的整体平均成本。[56] 既有的技术避风港实践已提供一系列应对经验，其中之一是将整个白名单或自评估机制建立在对相关技术方案的动态定期审核上。定期审核的时间间隔，将根据相关技术的研发速度、审核周期和相关机构的审核负担与能力来综合确定。而避风港规则一旦确定，就可以实现大规模统一执法；并且，随着相关信息在定期审核过程中的不断累加，后续规则制定成本往往比最初白手起家具有更高的产出效率。[57] 这种监管弹性和大规模统一执法对于背负法治化和产业发展双重目标的平台治理而言，与其说是有益的，毋宁说是必须的。这是因为无论是强制技术标准，还是主体责任，在给行政机构带来行政诉讼风险的同时，还会引发用户内容或行为的寒蝉效应，最终将不利于数字经济发展。而技术避风港的自愿特性和改进机制，将有助于行政机构化解相关风险并加以取舍，最终优化规制成本效益。

第三，技术避风港作为一种由平台主导的自行规制，其监管效果成疑。我们先要厘清当下的网络用户内容和行为的规模。以微博为例，根据微博 2021 年第三季度财报显示，微博月活跃用户已达 5.73 亿，其中，日活跃用户为 2.49 亿。自 2017 年起，微博的月活跃用户和日活跃用户就一直维持在 3 亿和 1.5 亿以上。而微信、抖音、快手等内容平台，活跃用户也是数以亿计。

考虑到当前网络内容的规模，将平台作为治理违法内容和行为的桥头堡角色，不仅仅是一种理论可能，而且成为一种现实需求，因为监管机构既没有充足的行政资源，也没有足够的技术能力来直接管理网络内容。与此相对应的是，掌握技术能力的平台的"私权力"不断增强，一跃成为网络空间治理的新主体。[58] 正如有些学者意识到的，平台在网络内容治理方面，肩负多重角色：像立法机构一样确定违法内容的范围，像法院那样裁定特定内容是否合法，并像行政机构一样执行惩戒。[59] 而诸多研究和讨论表明，平台是绝大多数网络侵权纠纷领域的"最小成本规避者"，亦即实现网络纠纷解决的成本最低一方。[60] 在这种情况下，规制理论中的自行规制（Self-regulation）往往会作为补充规制方式被引入讨论。自行规制作为公权力机关监管的补充，往往更具规制灵活性，行政成本相对更低，也可能实现更定制化的合规。[61]尤其在互联网治理中，随着技术提升以及网络行为的复杂性增强，仅仅依靠监管机构已经难以满足监管需要，因此，面对海量的用户违法行为，监管机构如能找出其中值得技术干预的违法模式，利用技术避风港这类自行规制方式，就可以大大分担其监管压力，并使其能集中有限的规制资源处理更具社会危害性的违法行为。

当然，必须承认，在技术避风港的具体实践中，由于自行规制中技术的引入，不可避免地带来监管过程中的两方面顾虑。一方面，技术引入会强化平台方或相关技术方在网络纠纷中的治理权力。那么，在技术水平普遍不如平台的情况下，监管机构能否避免出现公共监管屈从于私人治理，以及由此引发的监管俘获风险？[62]这是利用平台技术进行有效监管带来的挑战。另一方面，技术的引入还可能引发"技术甩锅"问题：对于监管不当或失据行为，平台可以将责任通过层层制度上和技术上的规避，推给技术提供商。[63]这样的责任转嫁尤其容易出现在白名单型技术避风港中。

值得注意的是，与公权力机关监管的充足动机不同，私主体自行规制往往不具备充足动机，因而需要监管机构的"胡萝卜加大棒"策略来激励和督促私主体的自行规制。具体到技术避风港而言，平台责任豁免就是对平台最重要的激励，对于正处于"压实主体责任"监管环境下的我国网络平台尤其具有吸引力。除此之外，一系列技术补贴政策和技术扶持政策，也可以被用来刺激平台的自行规制。通过合理使用"胡萝卜加大棒"策略，监管机构可以调整设计技术避风港，鼓励更广泛的行业内技术专家参与，从而在确保避风港内的技术达到合理水平的同时，也使合规成本落入普通网络平台能够承受的范围之内。这种公私合作共治的模式，将有助于释放在纠纷体量极大背景下尤为稀缺的司法和执法资源。我们不能寄望技术避风港一劳永逸地解决所有网络纠纷，但合理利用技术避风港，确实能解决掉大部分简单明晰的网络纠纷，尤其是那些决策信息成本较低的规则判定，[64]进而把有限的司法和执法资源留给技术所无力应对的疑难杂症。

类似思路也与本部分最后要探讨的平台责任制度的重塑有关。在总结和分析了技术避风港的基本原理和具体实践之后，我们可以发现，面对技术发展迅速的网络空间，作为一项富于弹性、规制能力强的平台责任制度，其可以在网络规制中发挥基础性作用。当大量的网络纠纷经过技术避风港处理后，我们才能集中行政和司法资源处理其他更复杂、更具社会危害性的违法内容或行为。而作为主动规制方式的技术避风港，比需要受害人发起的被动规制方式"通知-删除"避风港，其在面对海量用户内容和行为时，有着更宽泛的适用空间，也对于需要诉诸事前规制的网络盗版、网络谣言等问题治理，有着更显著的规制效果。因此，虽然技术避风港在理论脉络上可以被看成是基于过错的平台责任制度的一个衍生品，但它在具体实践中所能发挥的实效和潜力，超越了先前的所有平台责任制度设计。

在前述论证基础上，本章提出核心建构观点：在当前网络纠纷爆发、监管资源紧缺的情况下，比起分处平台责任谱系两端的严格责任制度和完全豁免制度，技术避风港更应该成为平台责任制度的底色。因此，一个符合当前海量规制需求的平台责任制度，应当围绕技术避风港来展开。随着技术避风港的推广和应用，技术内容治理基础设施也将得到整体改善，在此基础上，监管者再根据平台的分类分级，[65] 来确定不同的补充性平台责任制度，这些补充性平台责任制度包括但不限于主体责任、严格责任、"通知－删除" 避风港、基于过错的平台责任制度和完全豁免制度。

结　语

同西方大国一样，我国互联网监管一直面临着多重困境，比如用户体量庞大、网络违法行为多样、监管资源严重不足等。放眼全球互联网治理格局，各国都在加强互联网的监管，以美国《传播风化法》第 230 条为代表的完全豁免制度正在逐步被限制责任制度，甚至严格责任制度所取代。我国也不例外。当前，由于网络违法内容和行为泛滥，监管机构不得不在越来越多的领域施加主体责任这类极其严苛的平台责任制度，其副作用也日益突出。在这一大背景之下，责任避风港制度为我国指明了一条更为精确奏效、不过分阻碍产业健康有序发展、不过分限制公民表达自由和通信自由的规制进路。而通过对技术避风港的分析、总结与反思，本章指出：为了摆脱当前的互联网监管困境，技术避风港作为私权力兴起背景下的规制模式，是当前我国平台责任制度中被严重低估的规制工具。尽管我国目前已出现一系列技术避风港制度雏形，但距离真正落地还有很长的路要走。我国监管机构必须顺应技术的发展，引导网络平台和技术服务商强化针对用户内容和用户行为的技术规制手段，围绕技术避风港来构建平台责任制度。这将使得平台治理变得更为有效且更能适应技术更迭，进而有利于改善网络平台的法律监管。这也将节省监管机构监督海量用户内容和行为的成本，将有限的行政资源集中用于最迫切的网络侵权纠纷中。而学界对技术避风港的深入讨论，也需要进一步探索以避风港免责激励主导的规制模式，这将为平台责任理论发展和实践成效带来深远影响。

注释

1. ［美］劳伦斯·莱斯格：《代码2.0：网络空间中的法律》，李旭、沈伟伟译，清华大学出版社2018年版。

2. 参见本章第二部分。

3. 主体责任是指互联网企业对平台上发生的违法内容和行为承担兜底责

任。这一概念是我国网络规制实践中出现的独有概念。根据我国不同法律法规对于主体责任内容的阐释，我国的主体责任涵盖范围非常宽泛，既包括事后出现纠纷被动承担的第三方责任，也包括事前积极治理的责任。参见国家互联网信息办公室，《关于进一步压实网站平台信息内容管理主体责任的意见》（2021 年 9 月 15 日），http://www.cac.gov.cn/2021-09/15/c_1633296789845827.htm，最新访问日期：2022 年 5 月 1 日；国家市场监督管理总局，《互联网平台落实主体责任指南（征求意见稿）》（2021 年 10 月 29 日），https://www.samr.gov.cn/hd/zjdc/202110/t20211027_336137.html，最新访问日期：2022 年 5 月 1 日。

4. Anne Wells Branscomb, "Anonymity, Autonomy, and Accountability: Challenges to the First Amendment in Cyberspaces", 104 *Yale L. J.* 1639, 1642–43 (1995); Susan Freiwald, "Comparative Institutional Analysis in Cyberspace: The Case of Intermediary Liability for Defamation", 14 *Harv. J. L. & Tech.* 569, 586 (2001); Jonathan Zittrain, "What the Publisher Can Teach the Patient: Intellectual Property and Privacy in an Era of Trusted Privication", 52 *Stan. L. Rev.* 1201, 1204–1205 (2000).

5. 逻辑上，平台责任既包括平台直接责任，也包括平台间接责任。但在网络法研究中，无疑后者具有更大的讨论价值，因此，大部分研究文献默认其指向平台为其第三方内容所需承担的间接责任。

6. 吴伟光：《视频网站在用户版权侵权中的责任承担——有限的安全港与动态中的平衡》，载《知识产权》2008 年第 4 期；吴汉东：《论网络服务提供者的著作权侵权责任》，载《中国法学》2011 年第 2 期。

7. See Playboy Enters. v. Frena, 839 F. Supp. 1552, 1554–1559 (M. D. Fla. 1993). See also I. Trotter Hardy, "The Proper Legal Regime for 'Cyberspace'", 55 *U. Pitt. L. Rev.* 993, 1044 (1994); Niva Elkin-Koren, "Making Technology Visible: Liability of Internet Service Providers for Peer-to-Peer Traffic", 9 *N. Y. U. J. Legis. & Pub. Pol'y* 15, 61 (2006); Nancy Birnbaum, "Strict Products Liability and Computer Software", 8 *Computer/L. J.* 135, 144 (1988).

8. 47 U. S. C. § 230 (2000). 第 230 条最核心的条文被誉为"创造互联网的 26 个单词"："No provider or user of an interactive computer service shall

be treated as the publisher or speaker of any information provided by another information content provider", 意即"网络服务提供者不等于第三方提供之内容的出版者或发言者"。Jeff Kosseff, *The Twenty-Six Words That Created the Internet*, Cornell University Press, 2019.

9. Zeran v. Am. Online, Inc., 129 F. 3d 327, 333 (4th Cir. 1997).

10. Schneider v. Amazon, 108 Wash. App. 454 (Wash. Ct. App. 2001); Gentry v. Ebay, 99 Cal. App. 4th 816, (4th Dist. 2002); Goddard v. Google, Inc., 2008 WL 5245490 (N. D. Cal. 2008); Zango, Inc. v. Kaspersky Lab, Inc., 568 F. 3d 1169 (9th Cir. 2009).

11. Mark Lemley & Eugene Volokh, "Freedom of Speech and Injunctions in Intellectual Property Cases", 48 *Duke L. J.* 147 (1998).

12. "通知-删除"避风港,是指网络平台接到权利人的侵权通知后,应当删除平台上的侵权内容,或者切断存储侵权内容的网络访问通道,而一旦网络平台满足条件,就无须担责。当然,现实中流程还可能包括必要措施、反通知、恢复等。这一制度最早出现在美国《千禧年数字版权法案》(DMCA)第512条中,后来被我国借鉴到《信息网络传播权保护条例》、《电子商务法》、早年《侵权责任法》、当前《民法典》的具体规范条文中。相关学术讨论,参见孔祥俊:《"互联网条款"对于新类型网络服务的适用问题——从"通知删除"到"通知加采取必要措施"》,载《政法论丛》2020年第1期;王迁:《〈信息网络传播权保护条例〉中"避风港"规则的效力》,载《法学》2010年第6期;U. S. Senate, "The Digital Millennium Copyright Act at 22: What is it, why was it enacted, and where are we now" (Feb. 11, 2020), https://www. judiciary. senate. gov/meetings/the-digital-millennium-copyright-act-at-22-what-is-it-why-it-was-enacted-and-where-are-we-now.

13. 除此之外,在网络版权领域讨论较多的,还有合理使用避风港。参见Gideon Parchomovsky and Kevin A. Goldman, "Fair Use Harbors", 93 *Va. L. Rev.* 1483 (2007)。

14. 相关讨论,参见周汉华:《〈个人信息保护法〉"守门人条款"解析》,载《法律科学(西北政法大学学报)》2022年第5期;叶逸群:《互联网平台责任:从监管到治理》,载《财经法学》2018年第5期。

15. 有关寒蝉效应的讨论,参见左亦鲁:《告别"街头发言者":美国网络言论自由二十年》，载《中外法学》2015 年第 2 期。

16. 这一点在适用"通知-删除"避风港的网络版权规制领域，已有经验可以借鉴。由于"通知-删除"避风港的存在，网络版权侵权的规制技术（比如数字指纹技术、数字水印技术、地理位置屏蔽技术等）发展迅速，盗版内容的审核效率比之二十年前已有很大提升。

17. 戴昕：《作为法律技术的安全港规则：原理与前景》，载《法学家》2023 年第 2 期。

18. 有关法律责任的确定性对技术创新的作用，参见 Edward Lee, "Technological Fair Use", 83 *S. Cal. L. Rev.* 797, 822—823（2010）。

19. 讨论最多的是知识产权法学界，参见崔国斌：《论网络服务商版权内容过滤义务》，载《中国法学》2017 年第 2 期。其他诸如电子商务也有相关讨论，参见王锡锌：《网络交易监管的管辖权配置研究》，载《东方法学》2018 年第 1 期。

20. See YouTube, "How Content ID Works", available at https: //support. google. com/youtube/answer/2797370; Jean Burgess and Joshua Green, YouTube: Online Video and Participatory Culture 48–52（2018）; Lauren D. Shinn, "YouTube's Content ID as a Case Study of Private Copyright Enforcement Systems", 43 *AIPLA Q. J.* 359, 370–371（2015）. 中文的分析和讨论，参见黄炜杰：《"屏蔽或变现"：一种著作权的再配置机制》，载《知识产权》2019 年第 1 期。

21. See Google Perspective, "Using machine learning to reduce toxicity online", available at https: //www. perspectiveapi. com/how-it-works.

22. 快播案是典型案例。参见北京市海淀区人民法院（2015）海刑初字第 512 号刑事判决书；北京市第一中级人民法院（2016）京 01 刑终 592 号刑事裁定书。相关讨论参见桑本谦：《网络色情、技术中立与国家竞争力——快播案背后的政治经济学》，载《法学》2017 年第 1 期。我国的网络侵权相关立法（比如《侵权责任法》第 36 条，《消费者权益保护法》第 44 条，《民法典》第 1038、1195、1197 条），也经常将必要技术措施作为平台义务或平台责任的抗辩。相关讨论，参见程啸：《论我国民法典中的人格权禁令制度》，载《比较法研究》2021 年第 3 期。

23. 美国版权办公室于 2020 年发布平台网络版权侵权责任的调研报告，

系统梳理 DMCA 颁布二十余年来的成效，着重指出"通知–删除"避风港成本越来越高，平台侵权风险越来越大。参见 U. S. Copyright Office, Section 512 of Title 17: "A Report of the Register of Copyrights" (May 21, 2020)。

24. 我国早期版权类案件中，就折射出"通知–删除"避风港引发的大型平台治理成本过高的问题。平台也借助一系列技术措施来实现过滤，但如果没有技术避风港的保障，那么这些技术措施也只能成为平台履行"注意义务"的一项证据而已。参见韩寒诉北京百度网讯科技有限公司案，(2012) 海民初字第 5558 号。

25. Digital Millennium Copyright Act of 1998, Pub. L. No. 105 – 304, 112 Stat. 2860 (1998) (codified as amended in scattered sections of 5, 17, 28, and 35 U. S. C.)。

26. Children's Online Privacy Protection Act of 1998 (COPPA), Pub. L. No. 105–277, § 1302, 112 Stat. 2681–728 (codified at 15 U. S. C. §§ 6501–06)。

27. See Federal Trade Commission, "COPPA Safe Harbor Program", available at https://www. ftc. gov/safe-harbor-program.

28. 贾开：《跨境数据流动的全球治理：权力冲突与政策合作——以欧美数据跨境流动监管制度的演进为例》，载《汕头大学学报（人文社会科学版）》2017 年第 5 期。

29. https://www. privacyshield. gov/Key–New–Requirements.

30. https://www. privacyshield. gov/list.

31. 沈伟伟：《个人信息匿名化的迷思——以〈个人信息保护法（草案）〉匿名化除外条款为例》，载《上海政法学院学报（法治论丛）》2021 年第 5 期。

32. 相关讨论，参见 Lawrence Lessig, "What Things Regulate Speech: CDA 2. 0 vs. Filtering", 38 *Jurimetrics J.* 629 (1998)；Jack Balkin, "Media Filters, the V-Chip, and the Foundations of Broadcast Regulation", 45 *Duke L. J.* 1131 (1996)。

33. 2009 年 5 月 19 日，工信部下发《关于计算机预装绿色上网过滤软件的通知》，要求境内生产销售的计算机出厂时必须预装"绿坝–花季护航"。但最终因该软件漏洞百出而迅速夭折，工信部随后取消这一技术强制要求。

34. 事实上，按照 2017 年修订的《标准化法》第 2 条，我国的国家标准可以分为强制性标准和推荐性标准两种。技术避风港更接近后者。

35. 宋华琳：《论技术标准的法律性质——从行政法规范体系角度的定位》，载《行政法学研究》2008 年第 3 期；何鹰：《强制性标准的法律地位：司法裁判中的表达》，载《政法论坛》2010 年第 2 期。

36. 杨明：《"绿坝"能否担起"花季护航"之责》，载《民主与法制时报》2009 年 6 月 22 日，第 A05 版。

37. 孔祥俊：《"互联网条款"对于新类型网络服务的适用问题——从"通知删除"到"通知加采取必要措施"》，载《政法论丛》2020 年第 1 期。

38. See Staff and Agencies, "Landmark ruling against Yahoo! in Nazi auction case", *The Guardian*, (Nov. 20, 2000).

39. See Scarlet Extended SA v. Société Beige des auteurs, compositeurs et éditeurs (SABAM) (Case C-70/10); Belgische Vereniging van Auteurs, Componisten en Uitgevers CVBA (SABAM) v. Netlog NV (Case C 360/10).

40. See Stephen Breyer, "Regulation and Deregulation in the United States: Airlines, Telecommunications and Antitrust", in DEREGULATION OR RE-REGULATION? 7, 44-45 (1990); Richard A. Posner, "Antitrust in the New Economy", 68 *Antitrust L. J.* 925, 937 (2001). 比如，在韩寒诉百度案中，为检验百度开发的文档 DNA 反盗版系统的实际效果，北京市海淀法院"组织对百度公司反盗版系统当前的运行情况进行勘验"，但整个勘验过程让人不禁产生疑虑，且不说勘验测试的系统乃是"当前"系统而非"案发时"系统，更重要的是，整个勘验过程都是在"百度公司技术人员操作"下完成，其中立性也很成问题。参见韩寒诉北京百度网讯科技有限公司案，(2012) 海民初字第 5558 号。

41. See Metro-Goldwyn-Mayer Studios Inc. v. Grokster, Ltd., 545 U.S. 913, 965 (2005) (Breyer, J., concurring) [quoting Sony Corp. of Am. v. Universal City Studios, Inc., 464 U.S. 417, 431 (1984)]. 学界亦有类似观点，参见 Jack M. Balkin, "The Future of Free Expression in a Digital Age", 36 *PEPP. L. REV.* 427, 432—433 (2009)。

42. United States v. Carpenter, 819 F. 3d 880, 890 (6th Cir. 2016), rev'd and remanded, 138 S. Ct. 2206, 201 L. Ed. 2d 507 (2018); Orin S. Kerr, "The Fourth Amendment and New Technologies: Constitutional Myths and the Case for Caution", 102 *Mich. L. Rev.* 801, 807-808 (2004).

43. 本章并未将立法机关作为备选的技术评估机构对象，原因在于立法的滞后性决定了立法机关很难及时应对技术的变化和更迭。在实际的立法实践中，由于立法者无法预见现实技术演变过程中可能碰到的每一种情况，所以立法者经常用措辞宽泛的法规条文来给司法机构留足空间，同时授权具体的行政机关和在技术领域有长期经验的专职监管人员。

44. 由行政机关主导的技术避风港的审核评估，可以参考当前关于技术标准的审核与认定。参见王贵松：《作为风险行政审查基准的技术标准》，载《当代法学》2022 年第 1 期。

45. Federal Trade Commission, "Aristotle Removed from List of FTC-Approved Children's Privacy Self-Regulatory Programs", available at https://www.ftc.gov/news-events/press-releases/2021/08/aristotle-removed-from-ftc-approved-childrens-privacy-programs.

46. 本章第四部分。

47. 参见 Jack M. Balkin, "The Path of Robotics Law", 6 *Cal. L. Rev. Circuit* 45, 46—47 (2015)。对比 Ryan Calo, "Robotics and the Lessons of Cyberlaw", 103 *Calif. L. Rev.* 513 (2015)。

48. See Anupam Chander, "The Racist Algorithm?", 115 *Mich. L. Rev.* 1023, 1039-1040 (2017).

49. See Saul Levmore and Frank Fagan, "Competing Algorithms for Law: Sentencing, Admissions, and Employment", 88 *U. CHI. L. REV.* 367 (2021).

50. 例如，在数据权利领域，数字基础设施的改善，就直接反映到架构控制层面。参见胡凌：《数字经济中的两种财产权——从要素到架构》，载《中外法学》2021 年第 6 期。

51. Jack Balkin, "Media Filters, the V-Chip, and the Foundations of Broadcast Regulation", 45 *Duke L. J.* 1131, 1161 (1996).

52. Mark Lemley and R. Anthony Reese, "Reducing Digital Copyright Infringement Without Restricting Innovation", 56 *Stan. L. Rev.* 1345, 1387 (2004).

53. 这一点也有利于整体上降低受害人的维权成本，比照"通知删除"避风港这一优势尤为明显，因为受害人不再需要针对同一事项向每一个平台发出重复通知。

54. 胡凌：《从开放资源到基础服务：平台监管的新视角》，载《学术月刊》2019 年第 2 期。

55. 有关规则制定成本更高的经典论述，参见 Louis Kaplow, "Rules Versus Standards: An Economic Analysis", 42 *Duke L. J.* 557, 563-569 (1992)。

56. 同上注。

57. Gideon Parchomovsky and Alex Stein, "Catalogs", 115 *Colum. L. Rev.* 165, 171-190 (2015).

58. 参见 Kate Klonick, "The New Governors", 131 *Harv. L. Rev.* 1598 (2018)；高薇：《互联网争议解决的制度分析 两种路径及其社会嵌入问题》，载《中外法学》2014 年第 4 期。

59. Maayan Perel and Elkin-Koren, "Accountability in Algorithmic Enforcement", 19 *Stan. Tech. L. Rev.* 473, 482-483 (2016).

60. Lital Helman and Gideon Parchomovsky, "The Best Available Technology Standard", 111 *Colum. L. Rev.* 1194, 1212-1219 (2011). 有关最小成本规避者（Cheapest Cost-Avoider）的理论探讨，参见 Guido Calabresi, *The Costs of Accidents: A Legal and Economic Analysis*, Yale University Press, 1970, p. 135, pp. 139—158。

61. 随着现代国家行政职能任务的扩张，政府部门一旦资源不足就容易出现监管失灵；自行规制能够补齐政府行政监管资源不足的短板，成为政府规制的补充甚至是替代。参见［英］卡罗尔·哈洛、理查德·罗林斯：《法律与行政》（下卷），杨伟东等译，商务印书馆 2004 年版。具体到避风港作为一项自行规制制度设计的讨论，参见 Peter P. Swire, "Safe Harbors and A Proposal to Improve the Community Reinvestment Act", 79 *Va. L. Rev.* 349, 371—378 (1993)。

62. 监管俘获，指监管机构被监管对象通过相应手段所控制，进而使得监管流程的设计和实施都将服务于被监管对象的利益。参见 George Stigler, "The Theory of Economic Regulation", *The Bell Journal of Economics and Management Science.* 2 (1): 3—21 (1971)。有关技术专家行政治理风险的专门论述，参见 Adrian Vermeule, "The Risks of Expertise: Politi-

cal Administration and Expert Groupthink", *The Constitution of Risk*, Cambridge University Press, 2013。

63. Mihailis E. Diamantis, "The Extended Corporate Mind: When Corporations Use AI to Break the Law", 97 *N. C. L. Rev.* 11, (2020); Wendell Wallach, *A Dangerous Master: How to Keep Technology from Slipping Beyond Our Control*, Basic Books, 2015.

64. 有关网络平台的规则或标准与相应信息成本的讨论,参见戴昕、申欣旺:《规范如何"落地"——法律实施的未来与互联网平台治理的现实》,载《中国法律评论》2016年第4期。甚至,网络空间可能成为"硬规则世界"。参见冯象:《欢迎来到硬规则世界》,https://www. guancha. cn/fengxiang/2018_ 12_ 10_ 482712_ 1. shtml。

65. 参见国家市场监督管理总局,《互联网平台分类分级指南(征求意见稿)》(2021年10月29日),https://www. samr. gov. cn/hd/zjdc/202110/ t20211027_336137. html,最新访问日期:2022年5月1日。

第四章
个人信息匿名

匿名与实名，是网络规制领域的老话题。随着数字空间与现实空间的融合以及相关技术的推广，个人信息的收集和使用越来越普遍，这也引发了个人信息的非法收集、滥用、泄露等现实问题。为了回应这些现实问题，强化个人信息的法律保护，已经成为学术界和实务界的共识。但这只是硬币的一面。硬币的另一面：个人信息逐渐成为数字时代新型生产组织方式的关键环节，在数字经济发展过程中的重要性不断提升。怎样利用好个人信息，直接关系到我国的数字经济转型、社会治理能力和国际竞争优势。[1]

正是在这一双重需求叠加的现实背景之下，《个人信息保护法》于 2021 年正式亮相。其中非常突出的一点在于，《个人信息保护法》突破性地提出了有别于以往法律法规的、界定个人信息的方式，亦即将"匿名化"作为除外条款纳入个人信息的定义之中。对于这一定义上的突破，学界尚未展开充分阐释。本章的目的并非再度唤起学界对个人信息定义的兴趣，或提出全新观点，而是仅就个人信息"匿名化"这一变通性界定，从法理和技术维度做出进一步考证。

本章的写作出发点是中国个人信息保护理论与技术实践的现状，即学术界和实务界对个人信息匿名化问题的分析思路存在局限，一些技术实践和价值平衡的问题尚未获得充分揭示，进而引发对个人信息匿名方面的迷思。针对这一迷思，本章旨在揭示：在立法层面界定个人信息，各国法律所采取的进路之所以存在困境，深层原因在于个人信息保护和个人信息利用之间难以调和的矛盾。从上述矛盾出发，我国的个人信息保护立法应当立足技术实践和制度传统，找到个人信息保护和个人信息利用之间的平衡，既要回应现实中对于个人信息保护的需要，又能为个人信息的合理利用创造条件。而《个人信息保护法》中个人信息匿名化这一除外条款，并不能很好地回应这个平衡，反而可能造成规制失灵等诸多问题，值得进一步商榷。

全球规制背景下的个人信息保护

互联网产业的发展，给世界各国个人信息保护立法出了一道难题。一方面，在数字时代，假如采取过于严格的个人信息保护制度，则必将限制甚至摧毁互联网产业的发展，不利于一国产业体系的数字化转型。另一方面，如果采取纯粹自由放任的监管路径，小到单个公民的个人信息，大到整个国家的网络安全，都可能遭到威胁。

后者的典型案例，便是 2016 年美国总统大选期间的剑桥分析（Cambridge Analytica）事件。在这一事件中，剑桥分析公司利用脸书涉及 8700 万用户的个人数据展开技术分析，进而干预美国大选。[2] 这打破了传统的人们对个人信息保护重要性和紧迫性的认识，也直接引发了美国立法史上最快立法之一——《云法案》（the CLOUD Act）。并且，其带来的连锁反应也促成了包括 2018 年《加利福尼亚州消费者隐私保护法案》（CCPA）、2019 年《国家安全与个人数据保护法（草案）》[3] 在内的一系列个人信息保护立法措施的出台，这些立法强化了美国的部门条块化（Sector-specific）个人信息立法模式。

与此同时，欧盟也在原有本不发达的数据产业基础上，采取了与美国截然不同的一体化立法模式，将原有的《1995 年数据保护指令》（Dir. 95/46/EC）升级成保护力度广度更强的《通用数据保护条例》（*General Data Protection Regulation*，下称 GDPR），试图打造一个"内紧外松"的数字单一市场。[4] 与欧盟和美国类似，为应对此种状况，世界各国纷纷推出符合本国国情的数据立法。根据联合国贸易和发展会议（UNCTAD）的统计数据，截至 2021 年 3 月，全球已有 128 个国家制定了个人信息保护法。[5]

这是我国《个人信息保护法》制定的大背景。当然，正如许多研究者所发现的，从内容来看，其在法律适用范围、个人信息处理规则、个人权利和义务、处罚细则等方面，大量借鉴了 GDPR，以致《个人信息保护法》中多处都可以看到 GDPR 的影子。[6] 第一，《个人信息保护法》借鉴 GDPR 对于个人信息采取了特殊化处理的方式，亦即对"敏感个人信息"采取特别规定，这与 GDPR 中的"特殊类型个人数据"异曲同工。[7] 第二，《个人信息保护法》的处罚细则也借鉴了 GDPR。GDPR 的处罚标准是"2000 万欧元或上一年全球总营业额 4% 的金额的罚款上限（两者取较高者）"，而《个人信息保护法》则将罚款上限规定为"5000 万元以下或者上一年度营业额 5%"。[8] 第三，《个人信息保护法》与 GDPR 类似，带有浓厚的公法色彩——规定了专门的监管机构，以及一系列类似行政处罚式的执法措施，同时，也对于国家机关处理个人信息、个人信息跨境规制等问题做出一系列规定，这是调整平等主体关系的私法所不具备的特色。[9]

上述三点之外的其他借鉴亦有不少，不再赘述。这样的大量借鉴到底是现实之需还是仓促而为，我们还需仔细分辨。但有一点可以肯定，我国应对个人信息保护这一国际性立法潮流，所要确立的目的导向、遵循的立法路径，和欧盟不尽相同，也和美国不尽相同。究其原因，主要在于我国现行公法和私法保护体系、特定时期的技术和产业发展节点，以及我国对个人信息理解的特殊法制传统。在这一点上，不少研究个人信息保护的中国学者，也有着相当程度的理论自觉。[10]

而在下文将详细阐述的《个人信息保护法》个人信息定义，实际上借鉴了其他国家和地区（尤其欧盟和美国）在先立法经验，将可识别性作为《个人信息保护法》所保护的个人信息的判定标准，并将不少国外法通常在其他条款规定的匿名化处理，直接纳入到《个人信息保护法》个人信息定义之中。下文将对这些借鉴和转化展开梳理与反思。

《个人信息保护法》个人信息定义述评：匿名化的引入

本部分将通过比对现有的其他处理个人信息的法律，对《个人信息保护法》中的个人信息定义条款做分析，并论证"匿名化"是理解《个人信息保护法》个人信息定义的关键点，也是其有别于之前我国其他法律法规定义的突出之处。

首先，《个人信息保护法》第 1 条开宗明义，为该法定下基调："为了保护个人信息权益，规范个人信息处理活动，促进个人信息合理利用，根据宪法，制定本法。"[11] 很显然，就其立法目的而言，《个人信息保护法》详细列举了三项，其中前两项偏向个人信息保护，后一项偏向个人信息利用。由此可以推出三个结论。第一，在立法者眼中，无论是个人信息保护，还是个人信息利用，都属于《个人信息保护法》立法目的。第二，尽管个人信息保护和个人信息利用在实践中多多少少存在冲突，但这不意味着两者直接对立，在一些情况下，至少在立法者第一条并列式表达所体现出来的期望中，需做到两者得兼。第三，无论是《个人信息保护法》标题，还是从第一条立法目的列举的次序和篇幅，都可以推出：在个人信息保护和个人信息利用之间，存在优先等级，个人信息保护要高于个人信息利用。

立法者对《个人信息保护法》第一条两种立法目的进行区分确有其合理性，而这种区分也提示了二者存在交叉竞合的可能性。事实上，是不是个人信息流通越频繁，对个人信息的利用就越充分？是不是个人信息流通越简约，对个人信息的保护就越得力？都不是必然，都值得推敲。

在如今信息爆炸的时代，对于个人而言，信息有优劣之别，并不是越多越好。每天沉浸信息之中，其中不少就像索尔·贝娄所言，"只不过是毒害我们而已"，假新闻这类信息就是典型。[12] 同样，在如今信息爆炸的时代，对于利用个人信息的主体——无论是政府，还是企业，个人信息也并非越多越好。大数据的利用过程中，也存在信息太多反倒起副作用的情形，比如信息干扰和信息混淆。[13] 因此，为了实现《个人信息保护法》第1条所确立的立法目的，我们就必须对《个人信息保护法》所保护的个人信息做出明确界定，既要"被保护"，也要"可利用"，唯有如此，才能进一步探讨更加类型化和场景化的个人信息保护问题。

其次，如果说《个人信息保护法》第1条为全法定下基调，那么《个人信息保护法》第4条第1款对于"个人信息"的定义，就是《个人信息保护法》的题眼。这是由于"个人信息"不但出现在《个人信息保护法》名称中，更是贯穿整部《个人信息保护法》每一个条文，总计295次。毫不夸张地说，"个人信息"的定义哪怕只是做出细微调整，都将会直接影响整部法律的调整对象和实施效果。

那么，《个人信息保护法》是怎样界定"个人信息"的呢？《个人信息保护法》第4条第1款规定："个人信息是以电子或者其他方式记录的与已识别或者可识别的自然人有关的各种信息，不包括匿名化处理后的信息。"

孤立地审视《个人信息保护法》第4条第1款，并不能全面把握其特点及其与立法目的之间的关联。而恰恰由于个人信息保护问题的普遍性，我国到目前为止，已有一系列法律法规对其做出规定，但至今亦未能形成对"个人信息"的统一概念。[14] 如果我们将现有的对个人信息定义的立法做一番比较，就可以更好地看清《个人信息保护法》第4条第1款的特色之处，及其所关联的理论意涵。

我们先来考察《民法典》中的个人信息。《民法典》先是在第四编"人格权"中，专设"隐私权和个人信息保护"一章，进而确立了我国特有的"隐私"与"个人信息"二分的法律规制架构。[15] 根据《民法典》第1034条的规定，"个人信息是以电子或者其他方式记录的能够单独或者与其他信息结合识别特定自然人的各种信息，包括自然人的姓名、出生日期、身份证件号码、生物识别信息、住址、电话号码、电子邮箱、健康信息、行踪信息等。"换言之，根据《民法典》，个人信息的核心特征和主要认定标准都落在学界所关注的"可识别性"——既包括"单独"识别，也包括"与其他信息结合"识别。

这与《网络安全法》所给定的个人信息定义基本吻合。[16]《网络安全法》第76条规定："个人信息，是指以电子或者其他方式记录的能够单独或者与其他信息结合识别自然人个人身份的各种信息，包括但不限于自然人的姓名、出生日期、身份证件号码、个人生物识别信息、住址、电话号码等。"

除了两部涉及个人信息的现行法之外，为了应对近几年个人信息保护实践中碰到的问题，相关部门也出台了一系列司法解释、部门规章等，尝试对个人信息这一概念做出界定，满足现实司法和执法方面的需求。例如，《最高人民法院、最高人民检察院关于办理侵犯公民个人信息刑事案件适用法律若干问题的解释》第1条规定，"刑法第253条之一规定的'公民个人信息'，是指以电子或者其他方式记录的能够单独或者与其他信息结合识别特定自然人身份或者反映特定自然人活动情况的各种信息，包括姓名、身份证件号码、通信通讯联系方式、住址、账号密码、财产状况、行踪轨迹等。"再比如，根据工信部《电信和互联网用户个人信息保护规定》第4条规定，"本规定所称用户个人信息，是指电信业务经营者和互联网信息服务提供者在提供服务的过程中收集的用户姓名、出生日期、身份证件号码、住址、电话号码、账号和密码等能够单独或者与其他信息结合识别用户的信息以及用户使用服务的时间、地点等信息。"[17]

从上述分析比照可以看出,《个人信息保护法》对于个人信息的定义,基本上承袭了我国立法层面对于个人信息的可识别性标准的导向——尽管《个人信息保护法》的自然人识别标准与《民法典》《网络安全法》的身份识别标准有一定区别——这一点有别于有些国家或地区(比如美国加利福尼亚州)法律中尝试的、保护范围更大的关联性标准。

但仔细考察,我们可以发现《个人信息保护法》"个人信息"定义并没有止步于此,第4条第1款创造性地加入了一段但书——"不包括匿名化处理后的信息"。换言之,尽管"匿名化"的个人信息仍可能受到上述其他法律法规保护,但它被彻底排除在《个人信息保护法》这一个人信息保护专门立法的保护范围之外。

为什么要把"匿名化"个人信息明文排除在外?"匿名化"个人信息被排除在外后,会带来什么样的立法后果?这些立法后果和第一条所规定的《个人信息保护法》立法目的有什么关联?这是本章接下来要着重处理的几个问题。

个人信息匿名化的迷思

为什么要把"匿名化"个人信息明文排除在外?要理解

这一立法的意图，我们就必须理解匿名化与可识别性之间的关联。既然《个人信息保护法》采取了可识别性为个人信息界定的标准，那么按字面意思，如果一种信息不能"单独或者与其他信息结合识别自然人个人身份"，那么这种信息自然就被排除在个人信息保护之外。这一除外条款看起来有些画蛇添足，但实际上该除外条款还有着隐微的意义——"匿名化处理后的信息"，如果可以百分之百完全实现，那它应当是"经过处理无法识别特定自然人且不能复原"，[18] 不能"单独或者与其他信息结合识别自然人个人身份"。这一理想场景，既能给个人信息的处理者以合理流转和利用个人信息的机会，又能防范不法分子利用可识别身份的个人信息侵犯公民的隐私和其他个人信息权益。

但在实践中，这个前提并不成立！有些"匿名化处理后的信息"，在技术实践中有可能变成银样镴枪头，仍然可以被"去匿名化"，仍然可以被"再识别"。为了理解这一症结，我们有必要在技术实践层面，对个人信息匿名化做出一番剖析，考察"什么是匿名化？"这一前置性问题。

个人信息"匿名化"这一概念出现在国内外诸多个人信息保护法律法规中。[19] 我国的《网络安全法》第42条虽然没有直接使用"匿名化"这个词，但也点到了与之含义相近的个人信息"经过处理无法识别特定个人且不能复原的"过程。而《信息安全技术　个人信息安全规范》则将匿名化定义为"通过对个人信息的技术处理，使得个人信息主体无法被识别或者关联，且处理后的信息不能被复原的过程。"而有备而来的《个人信息保护法》在第 73 条，将匿名化定义为"个人信息经过处理无法识别特定自然人且不能复原的过程"。[20]

从这一系列定义可以看出，匿名化，并不是字面上将姓名隐匿这么简单，需要被隐匿的信息也可能包括上述法条中所列举的出生日期、身份证件号码、生物识别信息、住址、电话号码、电子邮箱、健康信息、行踪信息等，并且这类信息隐匿处理的最终目的，是要做到无法识别个人身份。[21]由定义不难看出，"匿名化"并非理论上的概念推演所创设，而是一个不折不扣的实践产物，涉及很多诸如数据抽样（Sampling）、数据聚合（Aggregation）、确定性加密（Deterministic Encryption）、同态加密（Homomorphic Encryption）、信息压制（Suppression）、抽象化（Generalization）、随机化（Randomization）、数据合成（Synthetic Data）等技术，并最终为理论所吸收。[22]

尽管匿名化属于成熟的通行技术实践，可就连对匿名化持相对乐观态度的隐私法学者保罗·斯沃兹（Paul Schwartz）和丹尼尔·索洛夫（Daniel Solove）都承认：匿名化是暂时的，再识别是可能的。[23] 在传统社会，人们可以较容易地隐匿自己的身份；但是，要在网络社会做到不可追踪、不可识别，难度则要大得多。[24] 换言之，一旦某位公民的个人信息被采集，那么就存在一种潜在的可识别性，哪怕他暂时处于匿名化状态。

事实上，如果我们稍微回看个人信息保护和个人信息利用这一对立法目的，我们就很容易发现，匿名化这一技术处理，也是与上述矛盾完全呼应的——其目的是在实现个人信息保护的同时，也能对个人信息进行利用。如果个人信息只需保护无须利用，那么匿名化根本多此一举，直接禁用即可。如果个人信息可以随意利用无需保护，也不必采取任何匿名化措施。

但在技术实践层面，笔者在此着重强调，匿名化并不是像《个人信息保护法》中简单处理的"有或无"的问题，而是一个层次丰富的"多或少"的问题。换言之，匿名化信息既可以涵盖完全无法识别身份的用户信息，也可以涵盖当下完全匿名化但无法保证未来不被去匿名化的信息，[25] 还可以涵盖当下就可以结合其他数据进行识别的信息（尽管需要或高或低的成本）。而匿名化的程度，与数据利用的程度直接相关。举例而言，在疫情期间，流调信息公布不可避免地要涉及个人信息，而各地政府在公布之时，也都会采取或多或少的匿名化措施。但是匿名化的程度，每个地方政府尺度不一。不乏有些地方政府匿名化做得不够，让社会公众很快地能识别出公布的病例个人，加之社交媒体的推波助澜，当事人遭到严重的隐私和个人信息权益的侵犯。但与此同时，我们也要考虑到另一种极端情况，假设地方政府匿名化做得太过，隐匿确诊病例的居住地、发病与就诊情况、密接人员、行经暴露的场所及相应具体时间等一些关键流调信息，如此一来，个人信息虽然因此得到更大的保护，但相应的个人信息利用——流调防控效果——也就受到限制。[26]

这也印证了美国隐私法学者保罗·欧姆（Paul Ohm）的一个著名论断：个人信息保护与个人信息利用是匿名化这一情境下的一对难以调和的张力——匿名化不足，就无法很好保护隐私和个人信息权益；匿名化太过分，又影响其利用价值。[27] 在高度依赖用户画像实现精准服务的时代，这一现象越发显著。[28] 比如健康码抗疫个人信息利用领域中的认证环节，一旦采取高度匿名化，那么认证环节的成本就会陡增。早期尚未形成全国联网、各地标准尺度不统一的健康码，就常常由于信息不足，而导致跨区域认证困难问题。反之，由于进出商场需要出示健康码实行人脸比对，自带人脸正面照片、地理位置、行程时间等容易"被识别"的信息，一旦健康码流出，就容易造成对公民隐私和个人信息权益的侵害，不少明星就在疫情期间吃了这方面的亏。[29]

在匿名化个人信息的成本和风险分析中，去匿名化技术扮演着极其重要的角色。过去一些年，有不少隐私法学者主张用可识别个人信息（Personal Identifiable Information）和非可识别个人信息这一分类，来使个人信息保护措施类型化。[30] 这种分类所遭遇的敌人和匿名化自身所面临的技术挑战是类似的，都是去匿名化技术。简言之，如果去匿名化技术足够高超、成本足够低廉，即便是非可识别个人信息或匿名化信息，也可以被准确定位到公民个人。而且，去匿名化技术的发展存在累加效应——去匿名化技术越发达，可利用的外部关联数据库就越多，去匿名化的效果越强。每一次个人信息去匿名化的胜利，都可能成为下一次个人信息去匿名化的垫脚石，而整个社会的个人信息被侵犯风险也就因此越升越高。

美国两个广为人知的去匿名化案例，很好地说明了去匿名化技术所引发的个人信息风险。第一个案例是 AOL[31] 事件。2006 年，AOL 公开匿名化搜索记录，供社会研究。在公开的搜索记录中，用户姓名被替换成了一串串匿名化的数字 ID。但是《纽约时报》却通过这些搜索记录，识别到 ID 为 4417749 的用户，并对其生活造成极大困扰。AOL 紧急撤下共享数据，但为时已晚，AOL 遭到起诉，最终付出了总额高达 500 万美元的赔偿。[32] 第二个案例是 Netflix 事件。Netflix 公司于 2006 年对其网站的 50 万名用户在过去 6 年的影评信息进行匿名化处理之后，公之于众，并悬赏能够提升其电影推荐功能的算法。研究者赫然发现，只要获取特定用户 6 部影评发布时间与具体评分，就足以识别出该网站数据库中 99% 的用户身份。[33] Netflix 公司也因此遭受舆论风暴。

在上述案例中，匿名化个人信息被去匿名化这一过程，很难完全归咎于工作人员的疏忽。对 AOL 和 Netflix 而言，这些公开信息的决策都是由当时业内顶尖的计算机工程师背书和管理人员拍板，他们并不业余。但这些业内顶尖人员，却确实在匿名化的判断上犯下错误，本质上还是由于个人信息利用和匿名化之间的冲突：为了保证个人信息可被利用（无论是 AOL 的研究需求，还是 Netflix 为提升自己算法精度），就必然要在匿名化程度上留有余地。然而，开弓没有回头箭，这些被去匿名化的个人信息，有可能无可挽回地被用来识别个人身份。但即便这些专业人员吸取教训，在下一次做出匿名化决策时，仍有可能为了保证数据能被利用而继续犯错。[34] 这是因为去匿名化技术可能在升级且匿名化数据所运行的环境可能被更多可供对撞的数据库所包围，这将使得匿名化数据面临着更不可测的去匿名化风险。

事实上在实验室环境，不少学者已经模拟出各类去匿名化的风险。早年比较经典的研究来自哈佛大学教授拉塔娅·史文妮（Latanya Sweeney），她通过美国国家统计数据发现，87% 的美国人，其邮编、生日和性别这三样信息都没有同时和其他人共有。[35] 许多研究者发现，在社交网络中，通过用户在社交网络中分享的内容、链接、浏览痕迹等信息，可以将大部分的用户身份识别出来。[36] 还有研究人员通过公开数据，推算出美国公民的社会保险号。[37]

更糟糕的是，真正实现身份再识别的主体，既可以是系统性的去匿名化专业人员，也可以是随机性的某位好事的、碰巧与受害者相识的网民。在我国层出不穷的人肉搜索案件中，不论是公众人物，还是普通公民，在人肉搜索面前，都可能由于网络上的蛛丝马迹被识别出身份。[38] 这让去匿名化的风险，变得更加随机、更加难以把控。[39]

从以上例证我们可以看出，匿名化可以实现完全匿名这一前提假设，多数情况下，只不过是天真的愿望。在去匿名化技术和相关数据库越来越发达的时代，在立法中预设匿名化个人信息存在被再识别的可能，才是更为审慎的做法。

回到《个人信息保护法》语境中，这便意味着第73条对于"匿名化"的绝对化处理，在技术实践中将面临极大的现实困境和未来不确定性。这也将直接导致规范形式上理想化的"匿名化处理后的信息"，很可能在技术实践中出现问题。

将匿名化引入个人信息定义的反思

本部分将从条文逻辑、技术实践和立法价值三个层面，反思《个人信息保护法》将匿名化引入个人信息定义的这一处理。

首先，在条文逻辑上，匿名化处理的个人信息这一除外条款，与第4条定义的前半部分存在交叉重合。

如第三部分开篇所述，既然第73条已经规定，匿名化是指"个人信息经过处理无法识别特定自然人且不能复原的过程"，那么它自然也就不符合第4条前半部分的"已识别或者可识别的自然人有关的各种信息"这一个人信息定义。换言之，在立法逻辑上，第4条前半部分已经隐含了第4条后半部分（除外条款）所需处理的问题。因此，这一除外条款本身就存在着逻辑上的同义反复，而造成这一问题的根源还是在于对"匿名化"本身认识上的重大误解。假如真实现了第73条所规定的绝对匿名化，那么除外条款的设置就形同虚设，而且其带来的立法效果是强化个人信息保护，但会极大弱化甚至可能完全摧毁个人信息利用。[40] 假如立法者本意并不是真要实现第73条所规定的绝对匿名化，而是意图通过除外条款，强化个人信息利用——《个人信息保护法》后续若干法条似乎更倾向于这一观点——那么其立法效果将会在强化个人信息利用的同时，极大削弱个人信息保护。这是因为以个人信息利用为导向的"匿名化"，就已偏离第73条所做的严苛界定，那么它将必然导致匿名化程度的滑坡，从而带来前文提到的形式主义匿名化的问题。[41]

当然，也有论者会将GDPR序言第26条搬出，指出《个人信息保护法》参照的GDPR难道不也是把匿名化信息排除在个人信息之外吗？这是没错。然而，我们必须注意到，GDPR把"匿名化信息"（Anonymous Information）框定在"合理可能的无法识别"这一标准上。且不论GDPR这一合理性判断，在变动的技术发展进程中现在已经和未来可能遭遇的各种困境，纵观《个人信息保护法》，全文并未提及任何匿名化的合理性字眼，也没有具体的合理性审查标准，而是以第73条严格定义处理，这显然和GDPR的排除匿名化信息处理有所不同。

其次，从技术实践层面，直接将匿名化整体引入个人信息定义有待商榷。

正如劳伦斯·莱斯格指出的那样，技术是数字时代极其重要甚至在某些情况下比法律更重要的规制要素。[42] 而就个人信息保护而言，"将隐私融入设计"（Privacy by Design）早已在理论建构和技术实践中发挥作用。[43] 例如，在 GDPR 第 32 条，假名化和加密技术就被作为个人信息处理中的两类关键技术列入条文中，但与《个人信息保护法》不同的是，GDPR 只是在具体场景中列举包括假名化和加密技术这类具体技术，而不是在个人信息定义这类核心前置性条款中引入匿名化概念。GDPR 这样的处理，无疑更为审慎。立法者本身对于技术发展的把握就存在很强的不确定性，而技术未来的演进迭代，也难以被立法者准确预测，因此，将匿名化这类技术标准纳入定义条款来处理有欠妥当，更妥当的做法是将其交给后续具体条款，[44] 甚至下位阶的法律法规或者行业标准。[45]

更重要的是，防止个人信息被识别的技术方案存在多种选择，比如数据脱敏、加密技术、差分隐私技术[46]、假名化技术等。这些技术有些可以被匿名化技术所涵盖，有些则不可以。如果回到个人信息保护和个人信息利用的平衡上，我们可以看到每一种技术都会给两者带来不同的影响。通常而言，在个人信息保护维度，强加密技术要高于差分隐私技术，差分隐私技术要高于数据脱敏技术，数据脱敏技术要高于未经处理个人信息。在个人信息利用维度，未经处理的个人信息要高于差分隐私技术，差分隐私技术要高于数据脱敏技术，数据脱敏技术要高于强加密技术。[47]

《个人信息保护法》似乎想利用"匿名化"这个概念将诸多技术一网打尽。且不论其他技术概念表述上是否严谨，这在技术实践中很容易造成豁免范围过宽或者过窄的问题，也极容易造成前文所述的形式主义匿名化问题。这种立法上的笼统处理，一方面，对于"做做样子"的形式主义匿名化没有行之有效的防范措施，极容易导致《个人信息保护法》的规制失灵；另一方面，对于那些认真履行匿名化义务的数据处理者，却依然要面临技术实践中的责任不确定性——在《个人信息保护法》层面合规，但却依然可能撞上《民法典》或《网络安全法》的枪口。

比较务实的解决方案，并不是将"匿名化处理后的信息"——抑或是"差分隐私处理后的信息""脱敏处理后的信息""加密处理后的信息"——直接引入到个人信息的定义中，而应当在具体操作场景，对相应的匿名化技术方案做出进一步规制。假如《个人信息保护法》非得纳入"匿名化处理后的信息"这一除外条款，那么至少也应当像 GDPR一样，提出一个合理性的技术审查标准，甚至将去匿名化难度和成本纳入考量范围，[48] 而不是将匿名化绝对化，导致语义重复，更不是将"可识别"标准降格为简单粗放的"已识别"标准。[49]

最后，从个人信息保护法立法的价值诉求上，我国前期在数据、信息、隐私领域的相关立法，并没有完全复制欧盟侧重个人尊严保护进路或者美国侧重财产自由保护进路，而往往是突出网络安全作为我国网络规制相关建制的重要关切。[50]

自党的十八大以来，我国开始系统部署和全面推进网络安全和信息化工作，网络安全逐渐演变成我国信息法治的重要价值理念，《网络安全法》也早早确立起相关立法方向，并在后续的《网络安全审查办法》等法律法规中得到细化。而在《个人信息保护法》第一章"总则"后，紧接着就在第二章"个人信息处理规则"和第三章"个人信息跨境提供的规则"中处理网络安全问题，这在比较法视野中独具特色。

网络安全包含的层次很复杂，既包括了物理环境、服务器等硬件系统，也包括了操作系统、应用软件、底层数据等软件系统。而个人信息作为数字时代极其重要的底层数据，自然也在国家网络安全战略中占有极其重要的地位。如果带入网络安全视角，个人信息保护和利用之间的平衡会更加复杂，[51]而这种复杂性也要求天平需要向个人信息保护方向倾斜，进而也为匿名化除外条款的设置本身，带来了更大挑战。换言之，如果匿名化被纳入个人信息的定义，这将不可避免地引起《个人信息保护法》与《网络安全法》之间的冲突。因为一旦匿名化信息不作为个人信息对待，《网络安全法》规定的个人数据跨境、个人数据本地化等要求，将很容易带来实践中的冲突，甚至被规避。而这可能有违我国个人信息相关立法的特殊价值诉求。

结　语

与西方国家一样，我国个人信息相关立法也面临着多重困境。一方面，随着信息技术的发展和应用，当前传统的民法和刑法的隐私保护制度难以应对数字时代的新挑战，这是保护不足、利用过度的问题。另一方面，过度依赖权利范式来保护个人信息，会给政府、企业甚至个人利用信息带来更高的成本，这是保护过度、利用不足的问题。而这两个问题并不会完全对冲，甚至完全可能并行存在。而与西方国家不同的是，我国在个人信息保护方面，所寻求的背后立法目的有其自身的侧重和不同，具体体现在如下两方面。其一，我国作为全球数一数二的互联网大国，对于个人信息的利用及其所牵涉的产业发展和国际博弈，有着不同于西方国家（尤其欧盟成员国）的诉求。其二，我国的个人信息保护有着自身特色，有别于强调个人尊严和信息自决权的欧盟和强调信息财产属性的美国，[52] 这一点尤其体现在网络安全层面。[53]

当前《个人信息保护法》中将匿名化作为除外条款引入到"个人信息"定义中，其本意是激励信息处理者采取匿名化措施，减轻其在数据利用过程中的合规和法律风险。这本身与第 73 条对于"匿名化"的严苛定义存在很强的矛盾关系，甚至同义反复。而且如此定义就意味着匿名化处理后的信息，就不再属于《个人信息保护法》的保护范围。在核心概念定义这个前置性环节就做出如此激进的、技术化的处理，其带来的立法效果——尤其针对形式主义匿名化问题——极有可能挑战个人信息保护的立法初衷，让个人信息保护和个人信息利用的天平向后者过度倾斜，也有悖于我国有别于其他国家重视个人信息安全方面的制度传统。因此，无论是从《个人信息保护法》对于"个人信息"的定义，还是从《个人信息保护法》其他具体规制条文，都应当在充分考虑技术实践的前提下，努力做好个人信息保护和个人信息利用的平衡，并且在技术还存在大量发展空间及其附随的不确定性基础上，谨慎将类似"匿名化"这样的技术细节带入到上位法定义条款中，把技术细节问题留给后续具体条款[54]甚至下位阶的法律法规或者行业标准。

注释

1. 国务院：《促进大数据发展行动纲要》，国发〔2015〕50 号。

2. Ben Brody and Bill Allison, "Facebook Set Lobbying Record Amid Cambridge Analytica Furor", April 21, 2018, BLOOMBERG, available at https：//www. bloomberg. com/news/articles/2018 - 04 - 20/facebook - set - lobbying - record - ahead - of - cambridge - analytica - furor.

3. S. 2889 - *National Security and Personal Data Protection Act of 2019*, available at https：//www. congress. gov/116/bills/s2889/BILLS - 116s2889is. xml.

4. 参见许可：《欧盟〈一般数据保护条例〉的周年回顾与反思》，载《电子知识产权》2019 年第 6 期。

5. UNCTAD, "Data Protection and Privacy Legislation Worldwide", available at https://unctad.org/page/data-protection-and-privacy-legislation-world-wide.

6. 参见王新锐、罗为:《我国〈个人信息保护法(草案)〉与 GDPR 的差别点》,https://baijiahao.baidu.com/s? id＝1681511555547520051&wfr＝spider&for＝pc。

7. 尽管从具体规则上看,《个人信息保护法》作为后继立法,在借鉴 GDPR "特殊类型个人数据" 处理的同时,还做出了更进一步的诸如 "用户单独同意" 这类规定。

8.《个人信息保护法》第 66 条。

9. 对于个人信息公法保护,宪法行政法学界已有不少论述,参见王锡锌:《个人信息国家保护义务及展开》,载《中国法学》2021 年第 1 期;余成峰:《信息隐私权的宪法时刻规范基础与体系重构》,载《中外法学》2021 年第 1 期。

10. 参见丁晓东:《个人信息保护:原理与实践》,法律出版社 2021 年版,第 159—164 页。

11. 从法解释学角度出发,法律的第一条通常是整部法律的基调所在,它指明法律的立法目的和立法意义。

12. 参见左亦鲁:《假新闻:是什么? 为什么? 怎么办?》,载《中外法学》2021 年第 2 期。

13. Frank Pasquale, *The Black Box Society: The Secret Algorithms That Control Money and Information*, Harvard University Press, 2015, pp. 6-8.

14. 参见高富平:《个人信息保护:从个人控制到社会控制》,载《法学研究》2018 年第 3 期;刘洪岩、唐林:《基于 "可识别性" 风险的个人信息法律分类——以欧美个人信息立法比较为视角》,载《上海政法学院学报(法治论丛)》2020 年第 5 期。

15. 参见许可、孙铭溪:《个人私密信息的再厘清——从隐私和个人信息的关系切入》,载《中国应用法学》2021 年第 1 期。

16. 事实上,最早也是影响最广泛的个人信息文件是 2012 年全国人大常委会发布的《关于加强网络信息保护的决定》,该文件虽然没有明定义个人信息,但也以识别个人身份的可识别性作为保护标准。

17. 此外，工信部 2012 年发布的《信息安全技术公共及商用服务信息系统个人信息保护指南》和全国信息安全标准化技术委员会 2017 年发布的《信息安全技术个人信息安全规范》，也对"个人信息"做出了基于可识别性的定义。

18. 《个人信息保护法》第 73 条。

19. 严格说来，GDPR 第 4 条定义专款并没有给匿名化（Anonymization）直接下定义，而用了另一个概念：假名化（Pseudonymisation）。第 4 条规定："'假名化'指的是在采取某种方式对个人数据进行处理后，如果没有额外的信息就不能识别数据主体的处理方式。此类额外信息应当单独保存，并且已有技术与组织方式确保个人数据不能关联到某个已识别或可识别的自然人。"而在 GDPR Recital 26 中提到匿名化信息（anonymous information）时，给出了一个与《个人信息保护法》类似的理想描述，亦即"不会被或者不再会被识别的信息"。而 GDPR 的前身——《1995 年数据保护指令》，亦采取类似的方式定义匿名化信息。美国的《加利福尼亚州消费者隐私保护法案》（CCPA）、《健康保险流通与责任法》（HIPPA）和《加利福尼亚州隐私法案》（CPRA）则采取了"去标识化"这一近似概念。

20. 《个人信息保护法》第 73 条定义了"去标识化"："指个人信息经过处理，使其在不借助额外信息的情况下无法识别特定自然人的过程。"在此，立法者显然是把"去标识化"作为较浅层的匿名化来对待。与之相对，作为"去标识化"概念应用更早的美国法，无论是在 CCPA 还是在 CPRA 中，都是被定义为极其严格的匿名化。参见 CCPA Section 1798.140（h）；CPRA Section 1798.140（m）。

21. 更甚之，《信息安全技术 个人信息安全规范》规定，个人信息控制者在超出个人信息存储期限后，或停止运营其产品或服务时，"应对个人信息进行删除或匿名化处理"。这几乎是将"删除"与"匿名化"视作可以互相替代的责任承担方式。

22. 参见杨建媛、邬丹：《数据脱敏技术与法律效果评价可以机械对应吗?》，载《合规科技研究》公众号。

23. Paul M. Schwartz and Daniel J. Solove, "The PII Problem: Privacy and A New Concept of Personally Identifiable Information", 86 *N. Y. U. L. Rev.* 1814, 1837 (2011).

24. 同上注。

25. 参见苏宇、高文英：《个人信息的身份识别标准：源流、实践与反思》，载《交大法学》2019 年第 4 期。

26. 参见戴昕：《"防疫国家"的信息治理：实践及其理念》，载《文化纵横》2020 年第 5 期。

27. Paul Ohm, "Broken Promises of Privacy: Responding to the Surprising Failure of Anonymization", 57 *Ucla L. Rev.* 1701, 1732（2010）. 事实上，不但匿名化技术如此，加密技术也是如此。有研究者就对亚马逊的加密技术进行分析，指出其对于数据利用和再开发所带来的障碍。参见 Hyunji Chung et al., "Digital Forensic Approaches for Amazon Alexa Ecosystem", 22 *Digital Investigation* 15（2017）。

28. 参见丁晓东：《用户画像、个性化推荐与个人信息保护》，载《环球法律评论》2019 年第 5 期。

29. 事实上，本次新冠疫情期间由于防控力度超出常规，防控过程（特别是流调过程）中所参与的人员和部门也更多，比如医护人员、社区职工、学校商场等公共场所的工作人员，以及以公安部门、疾控中心和电信部门为主的工作人员等，泄露个人信息的风险也比通常要大。

30. 最典型的论述，参见 Paul M. Schwartz and Daniel J. Solove, "The PII Problem: Privacy and A New Concept of Personally Identifiable Information", 86 *N. Y. U. L. Rev.* 1814（2011）。

31. AOL 是 American Online 美国在线公司的简称，是 20 世纪 90 年代以来美国最具影响力的互联网服务提供商之一。

32. Michael Barbaro and Tom Zeller, "A Face is Exposed for AOL Searcher No. 4417749", *N. Y. TIMES*（Aug. 9, 2006）, http://www.nytimes.com/2006/08/09/technology/09aol.html.

33. Ryan Singel, "Netflix Cancels Recommendation Contest after Privacy Lawsuit", *WIRED*（Mar. 12, 2010）, https://www.wired.com/2010/03/netflix-cancels-contest; Arvind Narayanan and Vitaly Shmatikov, "Robust Deanonymization of Large Sparse Datasets", *PROC.* 2008 *IEEE SYMP. ON RES. IN SECURITY & PRIVACY* 111（2008）.

34. 脸书为了让广告商精准投放并估算广告费用，同样在个人信息利用和匿名化之间付出极大努力，但即便如此，依然没有办法完全排除去匿名化风险。参见 Andrew Chin and Anne Klinefelter, "Differential Privacy As A Response to the Reidentification Threat: The Facebook Advertiser Case Study", 90 *N. C. L. Rev.* 1417, 1433—1436 (2012)。

35. Latanya Sweeney, "Uniqueness of Simple Demographics in the U. S. " Population (Laboratory for Int'l Data Privacy, Working Paper LIDAP‑WP4, 2000). 史文妮后来又做了一系列相关的研究, 参见 Latanya Sweeney, "K‑Anonymity: A Model for Protecting Privacy", 10 *INT'L J. UNCERTAINTY, FUZZINESS & KNOWLEDGE‑BASED SYSS.* 557 (2002); Latanya Sweeney, "Simple Demographics Often Identify People Uniquely", DATA PRIVACY LAB TECHNICAL REP (2000)。

36. 关于社交网络个人信息去匿名化的研究, 是计算机科学家的研究热点之一, 下面仅举几篇具有代表性的文献, 参见 L. Olejnik, C. Castelluccia, and A. Janc, "Why Johnny Can't Browse in Peace: On the Uniqueness of web Browsing History Patterns", In 5th Workshop on Hot Topics in Privacy Enhancing Technologies, 2012; Jessica Su, Ansh Shukla, Sharad Goel, and Arvind Narayanan, "De‑anonymizing Web Browsing Data with Social Networks", In Proceedings of the 26th International Conference on World Wide Web (2017), 1261—1269, https://doi. org/10. 1145/3038912. 3052714; Korula N. , Lattanzi S. , "An efficient reconciliation algorithm for social networks", 2014; Nilizadeh, Shirin & Kapadia, Apu & Ahn, Y. ‑Y. (2014). Community‑Enhanced De‑anonymization of Online Social Networks. Proceedings of the ACM Conference on Computer and Communications Security. 537—548. 10. 1145/2660267. 2660324; Lars Backstrom, Cynthia Dwork & Jon Kleinberg, "Wherefore Art Thou R3579X? Anonymized Social Networks, Hidden Patterns, and Structural Steganography", in 16th Int'l World Wide Web Conference Proc. 181 (2007), available at http: //portal. acm. org/citation. cfm? id=1242598。

37. 美国的社会保险证号是类似我国身份证号码的唯一标识数字串。参见 Alesandro Acquisti and Ralph Gross, "Predicting Social Security Numbers from Public Data", 106 *Nat'l Acad. Sci.* 10975 (2009)。

38. 参见胡凌:《评"人肉搜索"第一案的三个初审判决》, 载《法律适用》2009 年第 7 期。

39. 网络传播所带来的人肉搜索，也常常在个案层面给匿名化带来挑战——常常会有某些比较熟悉被识别对象的人，通过有限的匿名化信息，推测出个人身份——尽管这种挑战更具随机性，而不像去匿名化技术那样系统性。

40. 关于个人信息利用与匿名化的关系，参见第三部分的论证。

41. 事实上，哪怕理想化的绝对匿名化，在公民日常生活与数字空间紧密结合的时代，公民的数字账号识别（而非身份识别）也足以给其造成很大困扰。参见胡凌：《刷脸：身份制度、个人信息与法律规制》，载《法学家》2021年第2期。

42. 参见［美］劳伦斯·莱斯格：《代码2.0：网络空间中的法律》，李旭、沈伟伟译，清华大学出版社2018年版。

43. Helen Nissenbaum, *Privacy in Context*, Stanford Law Books, 2009；Ira S. Rubinstein, "Regulating Privacy by Design", 26 *Berkeley Tech. L. J.* 1409, 1411–1412 (2011).

44. 比如《网络安全法》第42条、《民法典》第1038条。

45. 例如《常见类型移动互联网应用程序必要个人信息范围规定》《信息安全技术个人信息安全规范》《个人金融信息保护技术规范》等。

46. 差分隐私（Differential Privacy）技术是一项近些年来广受瞩目的隐私保护技术，其技术原理和加密技术截然不同，它通过向数据库添加随机的噪音数据，来降低任意个体的记录对数据库的统计特性影响，从而使攻击者无法轻易从数据库中识别到个体。

47. 这些技术方案类型的比较，落实到具体某一项技术，可能存在误差，但大体上整个类型化的技术可以在个人信息保护和个人信息利用的谱系中，找到自己位置。

48. 事实上广州互联网法院在酷车易美案中的办案思路就接近这一思路。广州互联网法院虽然承认"实践中存在通过第三方信息与车况信息结合识别到特定自然人的可能性"，但同时认为"一般理性人在实现上述目的时会综合考虑行为成本，比如技术门槛、第三方数据来源、经济成本、还原时间等，综合上述因素后再进行结合识别成本较高"。参见广州互联网法院（2021）粤0192民初928号。

49. 在我国个人信息保护领域影响深远的朱烨案，曾激发了对"可识别"标准和"已识别"标准的讨论，参见岳林：《个人信息的身份识别标准》，载《上海大学学报（社会科学版）》2017年第6期；江苏省南京市中级人民法院（2014）宁民终字第5028号。

50. 例如，从个人信息保护角度，在先的法律对于个人信息规定最为严苛的，并不是调整平等主体的《民法典》，而是侧重保护网络安全的《网络安全法》。

51. 网络安全这一视角，也贯穿在整部《个人信息保护法》中，参见第9、10、38、40、42、50、60条。

52. James Q. Whitman，"The Two Western Cultures of Privacy：Dignity Versus Liberty"，113 *Yale L. J.* 1151（2004）；Alan Westin，"The Origins of Modern Claims to Privacy"，in *Philosophical Dimensions of Privacy：An Anthology*，at 56，62−63.

53. 参见周汉华：《探索激励相容的个人数据治理之道——中国个人信息保护法的立法方向》，载《法学研究》2018年第2期。

54. 比如《网络安全法》第42条、《民法典》第1038条。

第五章
网络文化生产

20世纪末发端于美国、随后席卷全球的互联网革命，是一场异常复杂的技术革命，它改变了我们，也改造了我们身处的制度，后者涉及经济、政治、文化多个层面。

在经济上，互联网催生的网络信息经济迅速崛起与扩张。短短三十年，互联网成为复兴去中心化和非市场化生产的催化剂，这两者自传统工业经济兴盛以来，一直被压抑。算力、通信和存储成本的下降，既给普罗大众创造了生产条件，也为网络信息经济本身营造了制度土壤。[1] 没过多久，网络信息经济与传统工业经济的融合，便成为全球各国经济政策之大势。

互联网革命也冲击了政治制度。比起20世纪早期的殖民地解放运动和议会选举权的扩大，互联网的普及和去中心化，为民主政治组织带来一股新的推动力。当然，质疑数字民主的声音，也从未间断过。[2] 当代民主政治不得不在这一系列撕扯过程中，续写互联网时代的新篇章。

夹在经济和政治变革洪流中，更容易被我们忽视的，是文化变革。潜移默化间，我们正在见证互联网推动的新型文化生产方式的兴起。其中最关键之处是，互联网和相关技术的发展，赋予普罗大众更多机会，得以进入文化生产和传播过程中。在这一过程中，他们不再仅仅是被动的接受者，还是更主动的参与者。在空间上跨越地域、在时间上克服共时性，这种人类历史上前所未有的分散式大规模集体协作，使得信息、知识和文化的同侪生产（Peer Production），成为网络文化生产的时代特色。

如果说在经济和政治上接受互联网革命的洗礼，中国由于底子薄、起步晚，比西方发达国家稍有时滞的话，那么互联网革命在中国掀起的文化变革，则因我国技术民主化和知识产权"弱保护"状态而具备时代先锋意义。而认清这一场文化变革，也有助于我们破除蕴含其中的技术和法治的迷思。

对于这场文化变革，本章只能借助 BILIBILI 网站（简称 B 站）的网络文化生产现象，从技术和法律角度切入，做一个局部解释。具体而言，本章试图借用 B 站"让学"二创作品的生产和传播过程，讨论如下几个问题：网络时代的这种新型文化生产的特点是什么？哪些条件促使其在中国成为可能？生产者出于何种动机进入到这种新型文化生产之中？而这又与传统版权制度擦出怎样的火花？

作为网络文化生产现象的二创

2022 年 B 站跨年晚会，以原创作品《让子弹飞》为主题的二创作品登台表演。这多多少少让人惊讶：2010 年上映的《让子弹飞》已经飞了十余年，可它怎么还没落下？它不但以破亿播放量占据 B 站电影榜之首，[3] 还在 B 站上催生出研究《让子弹飞》的学问，简称"让学"，引得 B 站网友高呼"申遗"。

要知道，桥段拼接这类网络创作并不稀奇，国内外视频网站早已有之。真正出彩的是，"让学"折射出这么一种文化景观：分散在互联网各个角落的二创作者，通过从原作《让子弹飞》中不断汲取素材和灵感，和观众进行对话、交流、讨论、回应、创作与再创作，成就一场持续多年的网络文化生产。"让学"二创作品大致分两类：一是对原创作品本身的评述解读；二是在原作或前人二创作品基础之上结合新素材的再创作。新素材可以信手拈来。如日本排放核污染水，没过两天，二创作品《让废水飞》就出现了。上述示例不过是"让学"持续涌现的冰山一角，与之类似，照着"张麻子""八岁巨婴""黄四郎""两碗粉""马拉列车""浦东"等原作意象，就着"让子弹再飞一会儿""你才是来者""站着，还把钱挣了！""枪在手，跟我走！"等经典台词，网民们找出过往和当下的现实投射，拼接融梗，终成

"让学"。

有别于传统工业文化生产，以"让学"为代表的网络文化生产呈现出两大特点。第一是同侪生产。传统工业文化生产自上而下，掌握在诸如出版社、电视台等少数传统媒体手中。它更加专业化、团队化，创作成本较高、创作周期较长，因此产量较少，作品质量相对稳定。尤其值得一提的是，传统工业文化生产以专业作者为中心，文化产品由作者向读者单向传输，读者参与度不高。而在网络文化生产中，由于互联网架构的分散化和去中心化，大量"让学"作品得以突破物理空间限制，实现同侪生产。[4] 这种同侪生产不仅仅发生在合作作者之间（比如字幕员、音轨师、配音员等），也发生在甚至更多地发生在读者与作者之间。例如，在"让学"这类网络文化生产中，二创作者多出自草根，去中心化、非市场化创作是主流；作品发布后，他们并未全然离场，而是在互动和后续创作中，与读者一同再造和发展作品。相应地，读者也通过评论、弹幕、点赞、空降、投币甚至自行创作视频回应等五花八门的方式，参与到这一文化生产过程之中。毫不夸张地说，在可控的时间进度条和极具互动属性的平台界面上，作者与读者"短兵相接"。[5] 这在传统工业文化生产中极其少见。

第二是集体政治和文化表达。针对某一原创作品持续涌现的二创作品中，隐藏在作者个体意识背后的，通常是一些"看破不说破"的集体意识，而这是单一作品和个人创作所难以承载的。"让学"就是这类集体意识创作的一个缩影。《让子弹飞》叙事主线并不复杂：土匪头子张麻子打劫汤师爷，土匪成了县长，与鹅城当地劣绅黄四郎明争暗斗，最终联合鹅城人民力量推翻黄四郎。就"让学"而言，这种集体意识无外乎是汇聚了原作《让子弹飞》对革命的理解。[6] 这么看来，在以"让学"为代表的二创作品中，很多讨论本身就构成行动意义上的集体政治和文化表达，并且不是上纲上线，而是戏谑调侃，让大众喜闻乐见甚至争相转载。[7] 与《让子弹飞》类似，《甄嬛传》《大明王朝》等原创作品，同时具备政治和文化元素，对它们的衍生戏仿，都可以看成是相关政治与文化集体意识的表达出口。甚至，连《第五共和国》这类曾经只在亚文化圈内拥有姓名的小众作品，也由于其政治和文化元素，得以通过二创一举进军大众文化。换言之，"让学"这类二创作品并不仅仅是纯粹娱乐二创，它们让我们看到当代政治与文化集体意识是如何在作品的剪辑、拼接、评论、交互之中生成、传播和演变的，而这恰恰是传统工业文化生产中难以实现的。

接下来的问题是，以"让学"为代表的二创作品如何在中国成为可能？毫无疑问，和任何一个大规模文化现象一样，"让学"等二创作品的成因肯定很复杂，但在我看来，至少有两个条件尤为关键。一个是物质条件，涉及近年来创作和传播技术的普及与民主化。另一个是制度条件，聚焦我国版权制度的"弱保护"状态。

二创兴起的表层原因：技术普及与民主化

倘若没有近些年来互联网革命所奠定的物质条件基础，恐怕不单是"让学"，其他依托于互联网技术的二创网络文化生产都无从兴起。

从基础设施角度看，虽然中国互联网建设已有三十余年，但直至近年才逐渐具备二创视频作品生产和传播的条件。根据 CNNIC 报告，直至 2023 年 12 月，中国网民已达 10.92 亿人，普及率达 77.5%，其中网络视频、短视频用户均超 10 亿，使用率分别为 97.7% 和 96.4%。[8] 这在三十年前无法想象，因为从技术上讲，视频对于带宽、存储等基础设施的要求，比文本或音频要挑剔得多。因此，报告中这组数据就显得尤为重要：互联网宽带接入端口数量达 11.36 亿个，光缆线路总长度达 6432 万公里，移动电话基站总数达 1162 万个（其中 5G 基站 337.7 万个）——带来的是全年移动流量高达 3015 亿 GB（见图 5-1）。要知道，2023 年的移动流量，接近 2020 年（1656 亿 GB）的两倍，而 2013 年至 2017 年五年总量只是其十分之一。事实上，2018 年这一组数据才出现实质性飞跃，时间上与二创作品的兴起基本吻合。

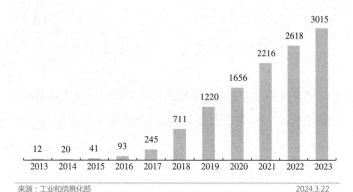

来源：工业和信息化部　　　　　　　　　　　　　　　　2024.3.22

图5-1　移动互联网接入流量（单位：亿GB）

移动流量所表征的数字基础设施建设，对于以视频为内容载体的"让学"而言，是不可或缺的。当我们把目光投向其他互联网大国时，将毫不意外地发现，虽然这些国家网民也不少，教育水平也不低，但在很长一段时期内，甚至时至今日，多数网民都无法在移动终端上浏览高清视频。正因此，"让学"这样高度依赖软硬件基础设施的文化现象，在这些地方缺乏发育的基础设施土壤。

同时，网络文化的生产工具，在普及和丰富程度方面也较以往有很大提升。就二创而言，这些工具包括图片视频拍摄、图片视频剪辑、字幕编辑、外挂素材、配音定轨、作品发布等。如何获取这些工具，是传统影视创作中最普遍的成本问题。毕竟，巧妇难为无米之炊。我们不可能指望一位才华横溢的作者在录制设备短缺的情境下，创作出优秀的影视作品。而如今，B站、抖音、快手、剪映、美图、手机摄像等触手可及、界面友好的数字技术，打破了普通老百姓参与文化创作的次元壁。并且，互联网本身"点对点"的架构分布，也赋予每一个节点上的用户（理论上）享有平等的发布和传播文化产品的能力。两相结合，技术民主化引发的创作和传播成本的降低，极大拓展了普罗大众参与文化生产的可能。

有了如此技术条件保障，比之传统文化生产，网络文化生产呈现三个特点。第一，信息的非竞争性（non-rivalrous）意味着信息复制的边际成本趋近于零。非竞争性很好理解，当一份信息被一个人消费时，并不影响其他人来消费这份信息。信息一旦被创造出来，额外再创造同一份数据的成本几乎为零，用经济学术语来描述，即零边际成本。在互联网研究中，这一问题最早出现在 P2P 盗版中，曾广为知识产权学界所讨论。简言之，如今作品的复制和拼接都变得前所未有地轻而易举，哪怕视频也不例外，这便大大降低了二创作品的生产成本。第二，信息内容的生产过程，既是投入，又是产出。网络文化生产中的读者也是共同作者，消费者也是生产者。第三个特点与第一点、第二点相关，信息生产规模效应带来集体共同创作。只有一个人使用的社交网络软件毫无价值，因为没人给他发消息，他也不知道该向谁发消息；反之，一个社交网络软件的使用人数越多，它就变得越有价值，也越吸引其他人加入这个社交网络。同理，由于二创作品依托于原创作品，其他关联二创又依托于原作作品和二创作品，交织着大量互文与融梗，伴随着频繁的作者读者互动。因此，当二创作品形成规模，意味着就同一主题存在更多相关内容可供使用，在平台创造的信息传播成本降低的条件下，就越容易形成信息生产的规模效应，推动集体共同创作。这在网络文化生产中的典型表现形式，就是现如今 B 站屡屡出现的"某学"，比如研究《让子弹飞》的"让学"、研究《甄嬛传》的"甄学"等。

概言之，技术的普及和发展，给草根化、分散式的网络文化生产创造了物质条件。在传统工业文化生产模式下，创作者在创作和传播方面，要么得依赖市场投资，要么得倚仗政府资助。这样一来，个体创作者要么迎合市场需求（资本化），要么服从国家相关机构所设定的议程（体制化）。但技术民主化创造的这些物质条件，使得个人能以较低的成本，通过互惠、再分配和共享的模式，创造或交换信息、知识和文化，而不必受制于专有权的、以市场或权力为基础的传统工业文化生产模式，"站着，还把钱挣了！"并且，网络文化生产的主力军是年轻人，"我是草根我怕谁"，具有主动性和抵抗性，并不是一味被动遵循商业化或体制化的话语设定。

然而，单这一点并不足以解释"让学"现象在中国的兴起。在互联网技术发展时间更长、普及力度毫不逊色的少数发达国家中，视频平台也"鬼畜"、也拼接，但类似"让学"如此规模的、针对某一原创作品的持续集体二创创作，几乎没有。那么，为什么偏偏只在中国出现"让学"？这一问题如果从经济分析来理解，最终将指向一个更具中国特色的制度原因：版权的"弱保护"。

二创兴起的深层原因：版权的"弱保护"

文化生产需要成本。视频文化生产的生产工具，在工业信息经济时代非常昂贵，远非普罗大众所能承受，但在互联网时代成本却大幅下降。这是上一部分主要论述的内容。然而，获取生产资料本身也需要成本，其中有一些成本是天然的，另一些则是制度化产物，后者之于文化生产最重要的就是知识产权制度。

这一点也不难理解。创作并非无中生有，而是有中生有，是从已有作品（生产资料）中产出新作。二创作品是基于已有作品而产生的，这一点自不待言。可就算是原创作品，又有哪一个可以声称其完全为作者自身的智力成果凝结，从未在形式或内容上借鉴、模仿甚至抄袭以往的作品呢？还以《让子弹飞》为例。这部电影是根据马识途小说《夜谭十记》改编，开幕曲《送别》由李叔同填词，旋律取自约翰·庞德·奥特威的《梦见家和母亲》，电影中数次使用姜文前作《太阳照常升起》配乐，甚至姜文的镜头语言也大量借鉴其他导演……因此，所谓原创，大抵也和牛顿说的一样：站在巨人的肩膀上。

既然创作是有中生有，那么前人作品一旦被产权化，后人再创作就需要得到许可甚至付费，这就带来了经典的创作成本问题：如果对既有的知识产权过度保护，就将提升新创作的创作成本。在互联网语境下，假如知识产权制度把现有的信息产权化，那将推高未来的网络文化生产获取和使用这些信息的成本，进而阻碍网络文化生产。知识产权制度也不是没有为此做出妥协，其制度表现就是"思想/表达"二分、法定许可、合理使用、权利期限等，用以限制产权制度的过度保护阻碍创新。然而，这类传统做法，在互联网时代已经不足以适应新的文化生产方式带来的冲击。其后果是当前行动中的版权法实践（law in action），已经在一定程度上绕开了本本上的版权法规范（law in text）。"让学"就是典型例证。

以"让学"为代表的网络文化生产，常常是通过获取、使用和再造现有的文化产品来进行创作，而且大多数是未经授权的。不管给这类行为套上哪一个学理概念，它们都隐含着一个版权制度上的风险：盗版。二创作者们每一次使用和改编《让子弹飞》的电影桥段、人物特征、台词构思等，从法律技术上分析，几乎都是铁证如山的盗版。如果每次创作都需依法征求峨眉电影制片厂、英皇影业甚至姜文导演本人的版权许可，那么这些大多出身草根的二创作者们，作为个人难有心力财力应对版权成本，作为群体又过于分散，集体行动成本太高。两相叠加，导致在二创作品中，盗版是常态，授权是例外。于是，二创作品若要兴起，便只能绕开版权制度约束，具体表现为：版权的"弱保护"。换言之，有别于以美国为代表的西方知识产权法治强国，中国版权制度睁一只眼闭一只眼的"弱保护"状态，反倒歪打正着，给予以让学为代表的二创作品留下生存空间。

网络文化生产中的版权制度

那么接下来的问题便是：中国版权的"弱保护"的内在逻辑是什么？它又如何影响我国的网络文化生产呢？

知识产权在中国，有其特色。其实本本上的知识产权法，中国并不差。要知道，知识产权制度曾是改革开放初期法治建设的领头羊，《商标法》颁布于1982年8月，早于"八二宪法"和"民法通则"。作为知识产权制度的重要组成部分，版权法也是私法领域立法相对完善的一个部门，并随着中国加入WTO，适时汲取欧美法律的理念与制度。可是，中国的版权法就像是高射炮打蚊子，本本上的条文和欧美一样精致，但实践中的效果虽日渐改善，但还是没欧美那么好。为什么？

有些学者归咎于中国传统，最有名的说法，出自哈佛大学安守廉教授。他认为中国文化和政治传统鼓励模仿、压抑创新，崇尚公共利益、排斥私人权利，因而版权意识淡漠，"窃书为雅罪"。[9] 泛泛讲，也不是没道理。知识产权作为现代法律制度，与儒家传统、社会主义公有制传统，都有冲突。改革开放后，中国版权制度的建设，也不断在外部全球化和内部价值冲突中试探与摸索。

版权的"弱保护"，就是这一试探与摸索过程中的特色。弱保护不等于不保护，也不等于强保护。如果有人上传《让子弹飞》高清电影完整视频，中国版权法不会不管。但如果仅仅是利用《让子弹飞》的创作元素进行二创，那么是弱保护，还是强保护，这便是一个见仁见智的问题。最终逼问的，还是版权法打从娘胎里就一直面对的价值难题：公共利益与私人产权的平衡。

版权作为一种无形财产，并非天赋自然权利，而是一个制度化产物，为的是在公共利益和私人产权之间找到平衡。可是，为何保护版权就能做到这两者的平衡呢？从经济学角度出发，在涉及信息、知识、文化的交易中，版权作为交易壁垒，本质上会阻碍公共产品进入公共领域，进而导致市场交易低效。然而，这仅仅是静态效率。从动态长远来看，如果作者知道其产品可以被免费获取，那么其生产积极性就会降低。因此，虽然版权作为私人产权会暂时增加文化生产的成本，但版权理论的浪漫主义通说认为：从长远来看，它也能成为有用的财产性制度激励，让更多作者愿意参与文化生产。[10] 牺牲静态效率，换取动态效率，通过产权垄断来激励创新，这便是版权平衡公共利益和私人产权的核心要旨。

然而，这一通说存在两个前提，即作者为了财产性激励而创作，版权是最佳的财产性激励制度。借用 B 站话语来表述，那就是："创作为恰饭，恰饭靠版权"。而这两个前提在网络文化生产中，都遭遇挑战，且这些挑战在中国尤为显著。

"创作为恰饭"原本是知识产权制度的一个重要前提。知识产权是一种通过设立财产性垄断来鼓励创新的一种制度；可它并不是鼓励创新的唯一制度。人类在没有这一制度的几千年历史长河中，文化生产也从未停歇过；即便在这一制度出现之后，人类技术进步也不是全然拜其所赐——比如美国的曼哈顿计划和中国的"两弹一星"，靠的是国家荣誉甚至信仰，正因此，艺术与科学充满了献身精神。[11]

不可否认，为"恰饭"——无论是全部动机，还是部分动机——创作的作者当然普遍存在。但事实上，就像诺贝尔文学奖得主威廉·福克纳说的那样，"我从未听说过仅仅为了钱就写出佳作这种事儿。"[12]这在二创领域也很明显。大量的 MCN（Muti-Channel Network，多频道网络）公司麾下的短视频作者，工业流水线式拍摄视频，没有超越物质激励的精神追求，只希望迎合读者的同质化需求并从中获利。网上流传着这些短视频作者，为爆款视频生产定制的各种标准套路。例如，有一个教程写道："怎样针对平台机制和推荐算法，展示出一条视频的流行潜力，是有固定公式的。我们通过拆解大量爆款短视频，发现三类爆款视频（分别为剧情类、知识分享类、产品种草类）基本都遵循如下内容结构：

吸引（黄金三秒原则）→深入（核心内容呈现）→留存（互动引导）。"[13] 要想以这种快餐式创作方式产出好的作品，恐怕如骆驼穿针眼一样难。

无怪乎B站CEO陈睿宣布要将绩效评价从点击量转为播放时长之时，B站老UP主们纷纷击节叫好。此事之所以值得玩味，恰因其反证了两个现状。一方面，现行激励制度并不理想，至少对那些为B站"打下江山"、最初并不以"恰饭"为首要目标的老UP主们来说不理想，乃至于部分老UP主们曾一度"揭竿而起"。比起工业流水线短视频，他们更愿意"用爱发电"产出质量相对较高的长视频。另一方面，这也反映了大家对于资本主导的以点击量论成败机制的厌恶。理想的激励机制到底有没有呢？也许没有，也许存在于那个回不到的过去，但终归不是当下日益凸显的、为追求点击量无所不用其极，甚至套路化到丧失创作激情、劣币驱逐良币的状态。

"恰饭靠版权"的前提同样遭遇挑战。和韦伯描述的新教伦理一样，传统版权制度或许也不再为资本所待见。现代产权制度试图为资本提供合法性和伦理正当性，而我们也习惯于利用现实空间的产权概念来构建网络空间的分配制度。但技术的发展甩开了旧有产权制度所依赖物质基础，后者迅速过时，不但不能为资本保驾护航，反而会拖累资本。[14] 具体而言，由技术推动新的生产方式和相关商业模式，使得版权制度严重滞后，阻碍资本在互联网空间的"非法兴起"。[15] 于是，极其吊诡的是，当下资本最为集中的平台竟然"助纣为虐"，想方设法为二创清除版权障碍。具体措施不但包括平台买断二创所需的版权，甚至还帮助二创作者打版权官司。因为平台深知"赝品，也是好东西"，新的文化生产方式也需要新的商业模式。与之类似，传统版权方也在顺应变化。早年，胡戈一次"馒头血案"戏仿，《无极》版权方金刚怒目；如今，面对海量"让学"，《让子弹飞》版权方却菩萨低眉。前后对照，我们可以看到，传统的版权工业也将逐渐认识到注意力经济、流量经济、数据经济正在改造甚至取代传统版权经济，并在新的商业模式下探索新的"恰饭"之道。[16] 因此，我们也可以说，在民事权利纠纷只能由被侵权方主动发起的背景下，知识产权的"弱保护"与其说是监管机构的无力，不如说是一场侵权方、被侵权方、监管机构和利益相关方（尤指平台）的一场默契共谋。而这场默契共谋的大前提，就是"恰饭"已经不再是，至少不仅仅是依靠版权。那依靠什么？依靠流量，依靠注意力，依靠数据。

回顾历史，无论是新中国成立前还是改革开放后，我国知识产权制度历史上仅有的两次拓荒，除了经济目标以外，都混杂着政治和文化目标，后两者往往构成对财产性垄断的制约。在这个意义上，如今互联网技术给知识产权制度带来的新冲击，也恰恰因为行动中的版权法的"弱保护"状态，歪打正着，反而促成了网络文化生产的兴盛，使"让学"这类高度依赖已有作品的创作模式不但成为可能，甚至在事实上成为集体政治和文化表达的另类先锋。

此外，二创作品隐含的，还有对文本意义阐释的控制权的争夺。大多出身草根的二创作者通常不盲从体制上的权威与专家，而是强调自我解读、评价经典。他们从原创作品中攫取可用资源，并在此基础上集体二创，使其成为公共文化生产的一部分。也就是说，他们将文化消费变成了新文化生产，不是简简单单还原原创作者的思想，而是要加上重新借用的材料"夹带私货"，并与读者一同在主流网络言论的缝隙和边缘"疯狂试探"。如果稍微扯远一点，从"八二宪法"的宪法精神和表达自由条款理解这一现象，那么，二创这种为普罗大众创造的政治和文化表达空间，又何尝不是契合了中国宪法的政治和文化目标呢？

结语

大约在二十年前，美国《连线》杂志主编克里斯·安德森（Chris Anderson）提出了影响颇大的"长尾理论"。在他看来，美国互联网所推动的文化变革，关键就在于小众文化的传播，而这些小众文化就是长尾。如果从前身 Mikufans 建站起算，B 站也走过十余年。现如今，以它为代表的网络文化生产时代正在走来，曾经深藏在长尾里、以"让学"为代表的小众文化，与大众文化之间的界限越来越模糊，并逐渐混入主流——毕竟，在年轻人眼里，如果非看跨年晚会不可，或许没有哪一台跨年晚会能比 B 站更吸引人。这或许就是在当下中国，互联网技术革命带来的文化变革的一个缩影。而这场漫长的文化变革才刚起步，前路还很长，借用让学引用率最高的台词来说，"让子弹再飞一会儿"。

注释

1. Yochai Benkler, *The Wealth of Networks*, Yale University Press, 2006.

2. ［美］马修·辛德曼：《数字民主的迷思》，唐杰译，中国政法大学出版社 2019 年版。

3. 同样点击量破亿的，还有《让子弹飞》的二创作品《敢杀我的马?!》，其中用户评论高达 6 万多条。

4. Yochai Benkler, *The Wealth of Networks*, Yale University Press, 2006.

5. 类似现象也发生在网络文学创作中，参见储卉娟：《说书人与梦工厂：技术、法律与网络文学生产》，社会科学文献出版社 2019 年版。

6. 崔永元采访姜文电影《让子弹飞》，https://www.bilibili.com/video/BV1DW411c7Va。

7. 这类戏仿式表达最有意思的表述，参见 Brief of The Onion as Amici Curiae Supporting Petitioner, Novak v. City of Pharma, 33 F. 4th 296（2022）（No. 21-3290）。

8. CNNIC 第 53 次《中国互联网络发展状况统计报告》，2024 年 3 月 22 日。

9. ［美］安守廉：《窃书为雅罪》，李琛译，法律出版社 2010 年版。类似说法，参见 Wei Shi, "The Paradox of Confucian Determinism: Tracking the Root Causes of Intellectual Property Rights Problem in China", 7 *J. Marshall Rev. Intell. Prop. L.* 454（2008）; J. Lehman, "Intellectual Property Rights and Chinese Tradition, Section: Philosophical Foundations", 69 *Journal of Business Ethics* 1（2006）。

10. 最经典的表述，参见 Eldred v. Ashcroft：537 U. S. 186（2003）。亦可参

见〔美〕威廉·M. 兰德斯、理查德·A. 波斯纳:《知识产权法的经济结构》,金海军译,北京大学出版社 2016 年版。

11. 赵晓力:《30 年来美国知识产权法的扩张》,载《21 世纪商业评论》2006 年第 1 期。

12.《巴黎评论》1956 年春季号。朴素地观察,当前 B 站点击量最高的视频,大多是"为爱发电",而那些为"恰饭"而作的二创作品,往往难成佳作。

13. 分秒帧,爆款短视频如何复制? MCN 和自媒体只需掌握这个公式,2023 年 3 月 22 日,https://baijiahao.baidu.com/s? id=1761046375671324302&wfr=spider&for=pc。

14. 冯象:《知识产权的终结》,载《我是阿尔法:论法和人工智能》,中国政法大学出版社 2018 年版。

15. 胡凌:《非法兴起:理解中国互联网演进的一个视角》,载《文化纵横》2016 年第 5 期。

16.〔美〕吴修铭:《注意力经济:如何把大众的注意力变成生意》,李梁译,中信出版集团 2018 年版。

第六章
网络数据治理

2015 年 7 月第十二届全国人民代表大会常务委员会通过《国家安全法》，首次在中央立法层面，正式引入"网络主权"概念。[1] 2016 年 11 月第十三届全国人民代表大会常务委员会通过《网络安全法》，将"维护网络主权"写入立法目的。[2] 在这两部国家安全上位法律的接连强调之下，网络主权议题在近年来得到国内学界持续关注。

自 20 世纪末以来，网络主权日渐成为国际政治中的核心议题。各国核心关切在于：互联网全球化浪潮下，一国如何在国内和国际上行使和维护网络空间的主权。而近年来这一议题的最突出变化，就是以大数据驱动的人工智能技术迅速迭代，影响国计民生乃至国际博弈，这使得数据治理从边缘走向中心，成为网络主权的核心环节。一国如何选择和把握数据治理模式，从而更讲究策略地行使和维护本国网络主权，成为新时代背景下，每一个国家都需要重新审视的命题。

从网络主权视角出发的数据治理研究，与目前主流法学理论将数据作为民事权利的数据治理研究有所不同。事实上，正如有些学者已经敏锐把握到的，数据已成为互联网生产模式中的基础生产资料，[3] 因此数据治理问题就从最表层的个体权益维度拓展到群体生产组织维度。随着数据产业的进一步发展和全球化，数据也成为越来越重要的底层国家战略资源。在这一现实背景下，从网络主权维度探究数据治理的努力，相当于是从生产组织的底层逻辑出发，回应数据治理对一国网络主权的影响和挑战。

而比较当前不同国家的数据治理立场和模式，也有助于更好地厘清网络主权在现实国际博弈中呈现出的不同面向。事实上，美国和欧盟采取截然不同的数据治理模式：促进数据流通模式和限制数据流通模式。二者分别对应积极网络主权和消极网络主权。通过分析和比较两种模式可知，一国究竟采取哪种模式，取决于该国对互联网基础架构和相关技术平台的控制程度。

为了展开分析这一主题，本章将首先聚焦网络主权发展史。结合互联网架构的技术分析，第一部分将网络主权的发展归纳为三层演变：从无到有；从领土主权到功能主权；从以物理层、内容层为中心到以代码层为中心。紧接着，第二部分紧扣这三层演变，阐释数据作为基础架构代码层的要素之一，如何转变为当前网络主权的核心关切。第三部分比较美国和欧盟数据治理的实践，着重分析网络主权视角下数据治理的两大模式：促进数据流通模式和限制数据流通模式。

第四部分结合当前我国互联网产业发展和治理现状，追问我国面对当前以数据为中心的网络主权势态，应该如何展开数据治理。

网络主权的概念与演进

（一）网络主权的兴起：从无政府到有政府

"网络主权"是一个晚近才出现的概念。在互联网发展历程中的很长一段时间内，"网络"与"主权"，前者标榜自由，后者象征控制，两者原本水火不容。因此，不少论者都认为"主权"在"网络"空间中，不但没有存在必要，甚至应当被驱逐。

然而，事与愿违。随着互联网的商业化和大众化，互联网单靠自治已经无力自持，其稳定性和安全性受到网络攻击的威胁，其内容和服务也不断被不法分子所利用，尤其是黄赌毒和盗版内容。于是，国家权力应时介入。

可以说，这场二十多年前的论战，最终以事实上国家主权通过法律权威不断强化控制网络空间而告一段落——类似暗网这种法外之地依然存在，但与早期互联网相比，其规模早已微不足道。法学理论也将"网络"与"主权"两词融为一体，创造出"网络主权"概念。时至今日，除了极少数激进分子以外，没有人会完全否定网络主权。但这并不意味着早期论战毫无意义。恰恰相反，如果说早期论战核心在于：国家在网络中有没有主权？那么，如今问题就转化为：国家该如何行使网络主权？而当后文论及现实空间的法律治理和网络空间的架构治理之时，这两个问题就存在本质关联和逻辑递进。

（二）网络主权的特点：从领土主权到功能主权

本章不展开讨论"主权"概念，仅取当代两个权威通行说法。一是出自欧盟公法学者尼尔·沃克，他将主权定义为某一特定政体的最高权力存在，它确立和维持该特定政体的地位，并为政体秩序提供持续的终极权力来源。[4] 二是出自美国政治学家斯蒂芬·克拉斯纳。他列举出现代"主权"的四大要素：一是领土主权，或曰威斯特伐利亚主权（Westphalia sovereignty），即国家领土排除外国干涉；二是国际法律主权（International legal sovereignty），即国家获得国际法和国际社会的承认；三是互惠主权（Interdependence sovereignty），即全球化背景下，各国在国际事务中的互相支持；四是内部主权（Domestic sovereignty），即国家管辖和控制国内事务。[5] 总之，这两个现代"主权"概念，一致认为主权不应该只强调传统威斯特伐利亚式领土主权，而是聚焦一国如何在确立和维持政体权力等功能层面实现国家主权。

这种超越领土范围的主权理念，与近现代的媒介发展密不可分。[6] 虽然这一现象并非网络时代专属，但这对网络主权却有着特殊意义，因为它突破了我们传统认为的"网络主权是传统领土主权在网络空间上的延伸"这一狭义理解。威斯特伐利亚式领土主权需要明确"领土之内"和"领土之外"，并假定"领土之内"和"领土之外"具有规范意义，因此，"占有"（Occupy）成为威斯特伐利亚式领土主权的前提。《塔林手册2.0》在描述网络主权管辖时，比较接近领土主权：一国不但可以对其主权领土之内的网络基础设施实施管辖和控制，也可以对一国领土以内从事网络活动的人员和网络行为实施管辖和控制。[7]

可是，网络空间毕竟和陆地、海洋、大气空间、外层空间这些实体空间有所不同。[8] 首先，随着互联网的全球化，信息跨越国界、数据存储位置和访问位置的分离、跨国网络平台在任意地理位置对数据的调取和利用，上述这些互联网架构特点，都严重挑战领土主权的"占有"前提，消解领土主权中的属地管辖。[9] 其次，与前述从无到有的网络主权发展历程相关，早期浪漫主义式、依赖网络技术人员的互联网自治，并没有因为国家的介入而完全消失，而是慢慢蜕变成另一种网络架构功能治理，而其背后看不见的手，则是突破传统领土边界的跨国互联网平台。[10] 在全球化时代热钱涌入跨国网络平台后，这一点越发突出。

也正因此，弗兰克·帕斯奎尔敏锐地指出，网络主权正在经历从领土主权向功能主权的转变。[11] 在他看来，网络主权的行使，不再仅仅甚至不主要从领土角度出发，而是更多地从功能角度出发。在功能主权意义上，主权者是网络架构的控制者，这一角色并不必然为传统民族国家所独占，也可能由跨国网络平台来扮演。[12] 因此，在信息频繁跨境流动的背景下，一味强调威斯特伐利亚式"占有"，并不能全面地反映网络主权真实面目。恰恰相反，建立在基础架构之上"控制"（Control）的功能主权，能更好地解释如今网络主权实践。

那么，我们如何理解这类功能主权范式呢？我们可以先从传统主权角度出发。一国的主权实践，主要受制于两大因素：基础架构和法律权威。一国可以在纸面上享有严苛的法律权威，然而，假如该国基础架构不够完善，其主权行使也会受限。例如，早期封建小国，即便国家在法律权威方面非常严苛，但是由于基础架构不完善，法律执行成本太高，会导致"本本上的主权"大多无法落实为"行动中的主权"，天高皇帝远。与之相反，如果一国基础架构相当完善，哪怕其法律权威偏向自由放任，可由于"本本上的主权"大多落实为"行动中的主权"，在事实上也会带来强控制。美国就是最佳例证。

回到网络空间的治理，基础架构同法律权威之间的关系又与上述传统主权有所差别：由于网络空间的基础架构高度可塑，基础架构对网络主权的影响比传统主权更大。因此，一国具不具备行使网络主权的能力，非但不仅仅取决于该国法律权威，甚至不主要取决于此；而更重要的是，该国是否具备控制网络空间的基础架构。用网络法术语来讲，架构治理在网络主权行使方面，起着传统法律治理不可替代的关键作用。[13]

照此逻辑向下推演，网络空间治理必然会呈现出多元主体特色，从而进一步放大功能主权的解释空间。这是因为：传统主权更偏重法律治理，主要由一国政府承担；但网络主权更强调架构治理，建立和控制基础架构的网络平台在此扮演关键角色——而伴随国家主权介入网络这一进程，还有网络空间内部竞争演化而形成的网络平台私权力的兴起。[14]正因此，有别于传统主权，功能意义上的网络主权呈现如下三个特点。

第一，国家往往需要借助由网络平台控制的基础架构，来行使其功能主权。当前，大部分的基础架构都是由私营网络平台建立和控制，尽管得不到法律上的明确认可，但是网络平台已经在事实上成为私权力主体。在这一背景之下，国家为了强化既有法律权威的落地，就需要借助网络平台的基础架构控制力。[15] 例如，美国国防部很早就将与网络平台合作，写入其应对网络攻击的行动纲领之中。[16] 第二，除了上述辅助关系之外，国家和网络平台之间还存在着竞争关系。由于网络平台对架构的控制更直接，因此，平台私权力会在政治和经济层面挑战、削弱甚至动摇国家公权力。[17]在政治层面，网络平台作为信息中介的出现，极大冲击了传统主权治理模式。[18] 相较于以往的传媒技术，互联网所带来的规模效应、匿名性和规避监管能力极具颠覆性。比如，阿拉伯之春、脸书推特封禁特朗普、马斯克操纵推特封号等案例，都展现了平台私权力如何影响甚至干预传统主权的运作。[19] 第三，在一国与他国之间，网络主权竞争也蔓延到跨国网络平台。正如杰克·古德斯密斯和吴修铭多年前就指出的，亚洲、欧盟各国在信息控制、隐私保护等方面，通过限制美国网络平台这些表面上的经济手段，来与美国政府展开国际政治领域的主权斗争。[20] 这就导致这些美国本土的跨国网络平台无法置身事外，轻则被罚没，重则被拉黑。事实上，欧盟惩戒美国网络平台，并不能简单地看成是针对某一个跨国私营企业的行为，而是要将其放到国际主权博弈的背景之下，视为国与国之间的网络主权行为。

网络主权的这些特点，突出了功能主权面向和网络平台的作用，仿佛一下子把我们带回大航海时代。当年，荷兰利用东印度公司在印度推动的主权扩张，和美国利用谷歌、亚马逊、微软、脸书等网络平台在欧洲推动的网络主权扩张，在性质上异曲同工。只不过现如今的网络时代，船坚炮利的是对网络基础架构有着高度控制力的美国，欧洲则要站在防御自卫的这一面。吊诡的是，被誉为国际法之父的胡果·格劳秀斯当年为祖国荷兰殖民行动辩护的国际法论说，如今摇身一变，竟成了美国数据跨境政策推动者们手握的回旋镖。[21] 而在这一背景之下，数据殖民也成为数据弱国需要面对的新时代主权问题。[22]

（三）网络主权的演变：从以物理层、内容层为中心到以代码层为中心

如果说从领土主权向功能主权的转向，体现了网络主权从诞生以来的大趋势；那么近十年间，网络主权最大变化，发生在功能主权的基础架构内部，体现为从以物理层、内容层为中心转向以代码层为中心。

计算机科学将互联网分为三层：物理层、代码层和内容层。[23] 物理层，是连接互联网世界的基础设施，包括电脑、手机、平板电脑、路由器、电缆、无线网络收发设备等硬件设施。内容层则是构成人与人之间交流的核心介质，它包括了文本、图片、音频、视频等各类载体形式的信息。不同于机器的处理方式，内容层的运作机理服务于人与人之间的沟通和交流。也正因此，不被任何人看见的非法内容也就不具备社会危害性；反之，一旦违法信息曝光，网络治理便有了可见的抓手。至于代码层，则涉及数据、算法、标准和协议[24] 等，它把人类可读内容转换为机器能够传输、存储和解析的代码，而后又能将这些信息重新加工，转译为人类可读内容。[25] 在互联网通信中，三层缺一不可，它们共同构成了信息传递通道，并在不同程度上影响网络主权的行使。

以往对网络主权的关注，主要聚焦在物理层与内容层。首先是物理层。和其他所有硬件设备一样，物理层通常直接受国家干预，常见手段主要包括技术许可、技术标准、技术强制、技术禁令等。从 21 世纪初开始，不少国家就已经强

制规范本国网络设施（如服务器、路由器等），这种做法旨在防范外来势力通过基础设施实施的潜在控制。因此，不少国家在选择底层基础硬件设施时，更倾向于使用本国或盟国的产品。当然，对于具备硬件基础设施控制能力的国家而言，也会不遗余力地将其所控制的硬件设施铺展到领土之外的其他国家，甚至设置种种"技术陷阱"。[26]

其次是内容层。从互联网发展初期，各国就为了维护自身文化、价值观和国家利益，利用各种手段实施网络内容管控，例如屏蔽境外网站、限制特定内容传播等。最典型的案例，是"法国雅虎网站销售纳粹产品案"。在该案中，美国雅虎公司在其平台上销售纳粹纪念品，法国用户可以访问到这些销售页面，欧盟法院就此裁定雅虎未能尽到足够的内容过滤义务，承担平台责任。[27] 同样，在2019年"脸书皮斯切克案"中，奥地利绿党党魁皮斯切克向该国法院起诉脸书，要求后者删除平台上的诽谤评论，欧盟法院也最终裁定脸书担责。[28] 两案中所涉言论若是在美国审判，无疑将受宪法第一修正案特殊保护。但在信息跨国流动中，一国根据本国特有的法律和政策，对其境内互联网可以访问到的内容施加限制，这便是内容层网络主权的特色。在主权意义上，内容层治理的意义就不单是硬实力上"保国"而已，还包括软实力上"保教、保种"。

然而，随着技术的发展，网络主权的焦点近年来发生变迁：从物理层和内容层转移到代码层。这一转变不仅是技术演进的必然产物，也预示着对网络主权行使方式的根本性变革。代码层决定网络空间的运行方式和底层逻辑。相较于更为直观的物理层的硬件控制和内容层的信息审查，网络主权在代码层上的控制，如同暗中掌控网络空间的神经中枢，可以做得更隐蔽、更基础，也正因此，其做法常常更加肆无忌惮，其影响往往更难提前预判，一言以蔽之，以代码层为中心的网络主权博弈，使得互联网更加"易攻难守"。[29] 代码层控制的典型案例，是互联网数字分配权力机构（IANA）、互联网名称与数字地址分配公司（ICANN）和国际电信联盟（ITU）有关 DNS 系统管治权的争议。DNS 系统掌管互联网的域名分配，谁控制了 DNS 系统管治权，谁就控制了所有依赖 DNS 域名系统的信息通道。[30] 而美国当年屏蔽包括伊朗国家电视台网站在内的伊朗网站的措施，就是采取修改 DNS 解析这类代码层的控制方式。[31] 可以说，代码层控制直接作用于基础架构，釜底抽薪，打的是没有硝烟的网络战。

数据之于网络主权的核心作用

如上文所述，在过去三十年间，网络主权经历了从无到有，从领土主权到功能主权，从以物理层、内容层为中心到以代码层为中心这三重转变。而高度依赖数据驱动的人工智能时代的到来，也进一步推动数据治理在网络主权领域的地位由边缘走向中心。

根据世界银行最新统计，网络空间的数据量急速增长，从 2010 年的 2 泽字节猛增至 2023 年的 120 泽字节，预计到 2025 年将超过 180 泽字节。[32] 这组数据直观地提示我们：数据加速渗透到现代社会的每一个角落。随着人工智能技术的日新月异，数据价值愈发凸显，尤其是对于那些高度依赖训练数据的大型机器学习模型来说，这是驱动这些模型发展的基础生产资料。[33]

　　正如前文所述，"基础架构"是主权得以实现其功能的两大要素之一；而对于网络主权而言，其重要性甚至时常超过"法律权威"。而数据恰恰是当前人工智能时代的基础架构关键要素。因此，一个国家在数据技术和产业方面的进步，不仅象征着其科研和经济实力的飞跃，而且也直接体现了该国网络主权能力的提升。全球各国的政府机构正通过深度挖掘和精准应用这些数据，探索政治经济的动向、社会变革的脉络，借此提升其对国家安全、社会秩序和文化传播等领域的引导和控制能力。

　　数据作为基础架构关键要素的地位和作用，这种控制能力反映到网络主权上，主要呈现出四个特点。第一，数据的规模成为一国行使网络主权的决定因素。"数据是新时代的石油"，这一老生常谈的说法体现了数据作为新时代基础生产资料的地位。但可能不止于此。数据还具备另外两个相互关联的经济学特性：非竞争性和规模效应（Economies of scale）。数据不是石油，非竞争性意味着数据可以同时被多个主体所使用而不会因此而损耗。[34] 与之相关，虽然数据不像石油那样可以相对容易与已有的生产要素进行融合，[35] 但它却具有明显的规模效应：总体而言，数据规模越大，其对基础架构的控制力影响就越强，甚至常常出现"赢家通吃"。[36] 由于规模效应的存在，一个国家控制的数据量大、流动性越高，就更有可能开发和利用大模型算法，作为其基础架构的控制中枢，从而在全球网络主权博弈中占据有利地位。并且，这种规模效应还影响到网络平台对资本投入的吸引力：大数据产业存在明显的规模收益递增特点，因此一国的数据产业越发达，也越能得到资本青睐。换言之，在数据驱动的人工智能时代，只有以稳定可靠的规模数据为训练和分析基础，才有可能通过技术和市场的相互激化，来进一步提升架构控制能力，后者是发挥功能主权活力的源泉。

第二，相较于物理层的控制和内容层的控制，数据的控制力更多地体现在代码层，这种控制方式与其他代码层控制方式一样，隐蔽而复杂，难以被外界所察觉和追踪。[37] 自互联网渗透到民众日常生活和国家治理措施中以来，不断有事件披露美国政府如何利用强大的网络架构控制能力监控本国公民和外国人士的个人数据。最典型的案例是美国中央情报局前职员爱德华·斯诺登爆出的棱镜门，除此之外还有维基解密爆料、《纽约时报》爆料美国国家安全局 Quantum（量子）攻击等事件。这些事件无一不是在吹哨人爆料的极端情况下才被披露，在此之前，国家能够利用代码层的技术特点，将这些监控行为隐藏起来。因而，除非遭遇吹哨人，一国很难事前预判或事后回溯他国在代码层利用数据控制架构实施的网络主权行为。毫不夸张地说，基于数据和代码层的控制，不单单是改善了情报工作，而是全面重新定义了情报工作：对于情报人员来说，重要的已不再是秘密会谈或内部联络，而是数据。[38]

第三，从数据治理角度，网络主权进一步淡化传统主权的占有属性（尤其威斯特伐利亚式主权），而更强调对数据的控制。控制代替占有，这就意味着一国只要保证对数据能够访问、调取、分析，就能在必要和紧急状态下控制数据并发挥其主权功能。[39] 比如，一国完全可以利用这一特点，借助数据储存和分析的分离，在具备足够算力和算法支持的前提下，在领土范围之外采取数据异地分析，再将输出结果回传，或者就地分析转化为其他形式的战略情报资源。这和传统主权有着本质区别，后者必须强调占有并控制在领土范围之内。而尽管各国都或多或少存在数据本地主义的趋势，但互联网天然的流动性，使得数据本身（尤其是涉及外国公民的数据）仍旧可以突破传统主权国家领土控制的范畴，因此，围绕数据的网络主权问题，就不再是特定领土范围内的数据治理事务，也不是一个主权国家对于本国公民的内部政治权力，而是一个夹杂着跨国网络平台的国际性网络主权问题。

第四，随着大模型等人工智能技术的推进，基于数据的基础架构控制能力展现出极大的潜能和扩展空间。传统数据分析方法虽然在处理结构化数据方面已经相当成熟，但面对成规模的、非结构化的数据时，则显得力不从心。当前人工智能数据分析技术已经拥有了相当的控制能力，而类似ChatGPT、Midjourney、Sora这类人工智能技术以及配套的芯片算力技术迅速迭代发展，也使得我们更有理由相信，这种基于数据的基础架构控制能力将得到进一步增强。人工智能技术这一特点，就迫使我们需要以发展的眼光看待问题：当下没有战略价值的数据，很有可能在未来算法和算力技术的演进中被重新盘活和利用起来。

上述数据之于网络主权的重要性，将在两方面产生影响。一方面，对于那些已经拥有数据控制架构能力的数据强国而言，它们无疑能够在功能主权层面不断借助数据控制架构能力，强化自身网络主权。例如，数据强国可以通过控制弱国数据，设定技术发展议程、实施政治操纵甚至发动网络战。另一方面，对于那些缺乏数据控制架构能力的数据弱国，它们将面临国际网络主权博弈中日益严峻的不确定性和风险，并且一旦毫无保留地融入国际数字化进程，则很容易遭到前者的主权威胁。在国际冲突法上，这些数据弱国通常又不能采取先发制人的攻击，因为它们实际上还没有受到伤害。

在下一部分中，本章将分析两种截然不同的数据治理模式——美国的促进数据流通模式和欧盟的限制数据流通模式，并在这一分析基础之上，进一步揭示数据在网络主权行使方面的重要地位，及其不同治理模式选择对于不同国家网络主权的影响。

网络主权视角下国际数据治理的两种模式

既然数据对于网络主权如此重要，那么在理论上，一国为了更好地行使网络主权，便将不遗余力地推动跨境数据流通，并将形成规模效应的数据不断纳入其基础架构之中。这便引出数据治理的第一种模式：促进数据流通模式。

然而，这只是在"基础架构+法律权威"模型下的理论推演。现实情况是：目前在全球范围内，数据产业呈现出严重的不均衡现象，各国基础架构水平也极不相称。在那些本国网络平台数据体量和开发能力不足的国家，该国公民并不会因此置身网络空间之外，而是会借助其他国家的网络平台来进入网络空间，因此这些国家更倾向于采取措施来限制外国网络平台使用其本国领土内生产或者本国公民生产的数据。这些国家通过制定相对严格的数据保护法规，要求企业将数据存储在本土数据中心，并限制数据跨境流动。[40] 这就带来了数据治理的第二种模式：限制数据流通模式。

这两种模式成为当前各国两种最典型的数据治理模式。每一个国家一方面担心本国数据流出国外威胁自身网络主权，另一方面又希望将外国数据纳入其网络主权管辖范围，二者很难得兼。[41] 原因之一是外交反制。受到 A 国数据跨境限制的 B 国，通常也会选择根据《联合国宪章》确立的主权平等原则采取反制措施，阻止本国数据流向 A 国。原因之二是商业抵制。一国对本国数据的过度控制，也会增加跨国网络平台的成本，这其中包括合规成本、声誉成本等，这将挫伤商业资本在该国投资和运营的积极性，也因此很难进一步吸引到外国数据。[42] 尽管有不少学者呼吁在数据跨境流动领域各国形成类似《巴黎协议》这样的妥协与共识，[43] 但这类呼声在当前纷繁复杂的国际形势下难以落地。因此，上述两方面矛盾也导致了数据跨境流动中的诸多摩擦和争议。因此，下文将围绕这两种模式展开，集中讨论偏向促进数据流通模式的美国，和偏向限制数据流通模式的欧盟。[44]

（一）美国：促进数据流通模式

概言之，在数据治理方面，美国采取促进数据流通模式，其所代表的是主动出击的积极网络主权。美国之所以采取这一模式，最主要的原因，便是作为互联网诞生地的美国，拥有全球影响力最大的网络平台这一事实前提。[45] 恰恰因此，美国得以利用其本国网络平台对基础架构的控制，将其技术优势转变为网络主权优势。

事实上，美国自克林顿政府以来，无论是民主党执政，还是共和党执政，互联网治理政策高度统一，一直高举"互联网自由"大旗。以自由流通，促产业发展，是美国互联网治理政策的明牌。在数据产业兴起之后，一方面，美国不遗余力地建立双边或多边的数据跨境流动机制。例如，《北美自由贸易协定》（NAFTA）、《美墨加协定》（USMCA）、《美日数字贸易协定》（UJDTA）、《美韩数字贸易协定》（KORUS FTA）等贸易协定，在美国的主导下均纳入了有关促进数据流通条款。另一方面，美国也旗帜鲜明地反对以网络主权为由阻碍数据流通。例如，美国驻欧盟大使安东尼·加德纳在2015年就曾毫无遮拦地抨击欧盟"数字主权"主张。[46]

为什么美国会公然反对网络主权？这是因为美国是全球互联网产业的开端和中心，美国政府在里根遗留的保守主义规制政策笼罩下，也积极推动其国内互联网公司不断向全球扩张，力图将本国基础架构向其国际商业版图的每一寸领地铺开。与此同时，也正是因为互联网始发于美国，长期以来很多互联网行业组织和管理机构，都是由美国政府直接或间接控制，美国也得以更顺利地发挥基础架构方面的优势。因此，可以看出，美国对"网络主权"话语持保留态度，并不是说它不看重网络主权，而是反对欧盟采取的消极防御的网络主权。事实上，在网络主权的功能主权层面上，美国更善于利用其在基础架构方面的优势来实现具有侵略性的积极网络主权。这也就可以解释美国为何采取促进数据流通的手段，包括取消跨境数据流通严格限制、鼓励企业数据共享、通过行业规范来促进数据互操作性等等。

美国政府行使网络主权，可以借助法律权威，也可以越过法律权威，直接利用基础架构做得不动声色。弗兰克·帕斯奎尔用一个形象的比喻来形容美国政府利用网络平台控制网络空间这层关系："隐婚"。[47] 抛去其中戏谑的成分，这一表述牢牢抓住二者关系的两大特点：亲密和隐蔽。恰恰是借助这种隐婚关系，国家利用网络平台，在国家安全的正当性理由之下，暗地里实施监控、规训等社会控制。比如，在"占领华尔街"事件中，美国政府和相关社交媒体平台里应外合，这些主权行为直至维基解密爆料，方才昭示天下。[48]

当然，美国作为传统法治国家，也擅长通过法律权威的方式，将其结合基础架构来行使积极网络主权。比如"9·11"事件后，美国政府在《爱国者法案》的背书下，加强与各大网络平台的合作，利用网络平台在信息情报收集和分析的基础架构控制能力，来协助其维护国土安全。[49] 另一个典型例证是《云法案》，其全称是《澄清数据海外合法使用法》（*Clarifying Lawful Overseas Use of Data Act*）。该法案通过之前，美国在欧盟以及其他国家实施的一系列积极网络主权行为，屡遭披露和爆料。这些行为主要包括：要求美国科技公司将海外数据移交美国执法部门；监听外国政府和公民的通信；对外国互联网平台进行审查和封锁。法案的其中一个重要作用，是正当化这类积极网络主权行为，它规定任何处理数据的网络平台，无论数据是否存储在美国领土之内，只要与美国利益相关，其司法制度中"长臂管辖"就可以将其纳入管辖范围。由于美国网络平台在全球的统治地位，《云法案》在事实上单方面赋予美国对全球绝大多数数据的"长臂管辖"。[50]

不可否认，美国对于数据基础架构的控制，在当前也面临着严峻的国际竞争形势，尤其是在与中国的竞争中。这也迫使美国采取防御性的网络主权措施，比如《保护美国人免受外国对手控制应用程序法》《国家安全与个人数据保护法》以及相关限制中国网络平台的总统令。但这些针对性举措，并不能改变美国偏向促进数据流通模式的底色。可以说，只要美国网络平台依然占据领先地位，那么，促进而非限制数据流通，就仍将作为美国进一步保持其基础架构优势、强化其网络主权的必要条件，进而继续主导美国数据流通政策。

（二）欧盟：限制数据流通模式

欧盟的网络主权立场，长期以来秉承消极防御传统。这背后的主要原因在于，欧盟作为一个在全球数字经济中占据重要地位的经济体，却与中美两国不同，几乎没有任何大型国际网络平台。事实上，大部分欧盟民众使用的互联网服务，主要由美国平台提供。在这种情况下，如果按照网络主权二元分析框架来看，欧盟行使网络主权的基础架构，并非掌握在欧盟自身的网络平台手中，而是掌握在美国网络平台手中。因此，欧盟不得不采取防御性质的消极网络主权策略，其主要目的不在于利用数据基础架构开疆拓土，而在于保护自身免受他国数据基础架构的侵害。[51]

在当今数据成为基础生产资料的时代，限制数据流通是消极网络主权的典型表现。[52] 这也奠定了欧盟数据治理模式选择的主基调。此外，欧盟还面临由欧盟成员国组成的分散权力结构所带来的独特挑战，这是因为不同成员国对数据治理持有的态度并不一致，而这种差异可能引发"木桶效应"，进而促使整个欧盟采取更加严格的限制数据流通措施。[53] 欧盟限制数据流通的具体规范例证，就是 2018 年的《通用数据保护条例》、2022 年《数字市场法案》、2022 年《数字服务法案》、2023 年《数据法案》、2024 年《人工智能法案》。上述法规虽然分属不同领域，但都提出了偏向限制数据流通的具体措施。

而欧盟与美国在跨境数据问题上的多次拉锯，恰恰成是促进数据流通模式和限制数据流通模式之争的一个缩影。在过去二十年间，尽管在与欧盟的协议谈判中美国尽显诚意，期望通过《避风港协议》与《隐私盾协议》来构筑安全可靠的跨境数据流通环境，但事与愿违，这两份协议最终都被欧盟法院宣告无效。2015 年的"Schrems I 案"是一个标志性转折点。在这场判决中，欧盟法院直言不讳地指出，当《避风港协议》遇到美国的国家安全、公共利益及执法需求时，这些需求往往会被置于协议之上，从而导致美国网络平台在面对这些情形时，会不可避免地轻视协议中规定的数据保护措施。这一判决无疑是对《避风港协议》本身运行机制和有效性的重大质疑。接踵而至的是 2020 年"Schrems II案"，这一次，欧盟法院的判决更是直击核心，指出美国政府的情报活动，对于个人数据主体的权利构成了潜在的干预和威胁，判决《避风港协议》的替代品《隐私盾协议》同样无效。这不仅再次证实了欧盟在数据安全方面存在着根本性的主权冲突，而且确认了基础架构在网络主权行使中的基础地位。虽然 2022 年 3 月 25 日，欧盟再次与美国签订《跨大西洋数据隐私框架》（*Trans-Atlantic Data Privacy Framework*），但这一不断妥协的协定，也被各方看衰，[54] 甚至被认为是不堪一击。[55]

欧盟与美国在数据流通层面的这几次交锋，充分说明：数据在代码层所起的作用，比起物理层和内容层的控制更隐蔽、更复杂。一方面，国家难以判断在网络空间中传输的数据是否已跨境；另一方面，数据的体量和日新月异的数据分析技术也让国家不可能完成数据安全的全面研判。[56] 这是因为：哪怕没有《云法案》这样的长臂管辖法律权威背书，从基础架构上来说，由于数据天然的流动性和非竞争性，掌握基础架构的美国有能力跨境获取存储在他国数据的能力。[57] 更甚之，一国通过网络平台完全可以在不违背数据跨境规范的情况下，进行本地化分析和运算，再将有价值的输出结果传回国内。而欧盟一旦放开数据流通，则很可能无力阻止美国的网络主权行为；哪怕要采取反制手段，也很难及时获取主权威胁的证据。

如此一来，由于数据所有者、使用者、存储者在地理位置上的分离，以及由此引发的跨境流动、主体识别和输出结果管控方面的问题，使得一国在针对数据的网络主权措施方面很难做到"恰如其分"。因此，无论是寿终正寝的《避风港协议》与《隐私盾协议》，还是目前仍在苟延残喘的《跨大西洋数据隐私框架》，欧盟与美国小心翼翼的合作，最终都不可避免地陷入了古蒂洛克斯规制困境（Goldilocks Regulatory Effect）。[58] 因此，"全有"或"全无"的一刀切做法，虽然可能与私法领域对待数据监管的原则不符，但却会是大部分国家在网络主权领域上做出的必要之举。

网络主权视角下中国的数据治理

正如第一部分提到的，网络主权并不是一个旧瓶装新酒的概念。网络主权从诞生之时起，就带上了浓厚的技术烙印。在其发展演化过程中，网络主权更是突破了威斯特伐利亚式、强调"占有"的传统领土主权观念，向着一个更加强调"控制"的功能主权观念转变。这种转变与基础架构对网络主权影响力提升密不可分，也推动了主权概念的结构性变革。

而由第二部分分析可知，数据不单单是网络主权的治理对象，作为代码层基础架构的关键要素，它也成为网络主权的有力抓手。因此，我国到底应当采取何种数据治理模式，归根结底还是取决于我国对于网络基础架构的控制能力，而后者在大数据驱动的人工智能时代，又与数据流通直接相关。换言之，从网络主权角度审视数据流通问题，就不只是关乎数字经济的发展和繁荣，更意味着一国对网络空间基础架构的整体控制力能否得到提升。

根据最新统计，2022 年我国数据产量达 8.1 泽字节，占全球数据总产量 10.5%，位列世界第二，仅次于美国。[59] 同时，截至 2023 年，我国网民高达 10.92 亿人，普及率达 77.5%，要知道，早在 2008 年中国网民就超越美国位居世界第一，而当时我国的互联网普及率还不足 20%。[60] 庞大的数据产业规模和网络用户规模是网络主权的重要支撑，也是我们思考网络主权的基本出发点。与此同时，我国在人工智能技术发展方面也取得了显著成就，这与我国对大数据的收集、开发和利用密不可分。最近的一份国际研究报告明确指出，中国训练智能算法所需的大数据获取成本更低，这为中国人工智能技术带来关键的竞争优势。[61]

从国际经验看来，美国与欧盟是全球两个重要经济体，也是数据治理方面的重要参与者，却在数据治理模式上存在显著差异：美国倾向于促进数据流通，而欧盟则倾向于限制数据流通。[62] 通过对两种模式比较分析可以发现，一国倾向于采取哪一种数据治理模式，主要取决于该国对互联网基础架构和相关网络平台的控制能力。

我国的数据产业和网络平台发展现状，与美国的趋同之处更为明显。当前我国的大型互联网平台，也具备可以与美国互联网平台抗衡的数据控制架构能力，[63] 而前述数据产业规模和网络用户规模又给这一数据控制架构能力以持续的支撑。因此，在应对当前以数据为核心的网络主权国际博弈之时，我们在数据治理方面不能简单效仿欧盟限制数据流通模式，一味强调消极网络主权。比如，2015 年国务院印发的《中国促进数据大发展行动纲要》中提出："要充分利用我国的数据规模优势，增强网络空间数据主权保护能力。"这种"数据主权保护能力"更是贯彻在《网络安全法》《数据安全法》这两部围绕安全为核心的法律中，在宏观上强调保护、强调防御，在微观上，细化安全评估、标准合同、保护认证，这些都体现了在数据跨境传输领域消极网络主权的特征，也从侧面反映出我国在十年前数据产业落后于西方发达国家的现实情境。可以说，在经历过一段时期的立法空白之后，数据流通的风险已经基本被现行立法体系所覆盖，防御性网络主权的法律体系已经初步成型。新技术所引发的新风险，也可以结合《网络安全法》《数据安全法》的原则性规定和具体调控法规予以应对。

近年来我们已经看到不少促进数据流通方向的制度努力。2024 年国家互联网信息办公室公布的《促进和规范数据跨境流动规定》《个人信息出境标准合同备案指南（第二版）》等规范性文件，就是我国数据跨境制度方面的积极尝试，这其中就在法律规范层面（甚至在法规标题中）明确了促进数据流通的诸多原则性纲领和具体规定。这些文件体现了中国积极拥抱数据流通的政策取向，旨在通过规范数据跨境流动，促进数据要素市场发展，进而在基础架构上进一步夯实我国的积极网络主权。2022 年《中共中央、国务院关于构建数据基础制度更好发挥数据要素作用的意见》（简称《数据二十条》）强调"充分发挥我国海量数据规模和丰富应用场景优势，激活数据要素潜能"，"做强做优做大数字经济，增强经济发展新动能，构筑国家竞争新优势"，这既是经济上对数据作为基础生产资料的肯定，[64] 也隐含着中国在国际数据治理博弈中倾向于促进数据流通的模式选择。此外，我国在国际舞台上也积极参与相关规则制定，努力塑造更具流动性的数据治理体系。比如，中国提出"数字丝绸之路"倡议，积极协调多边治理和多元治理模式，旨在推动数据基础生产资料在沿线国家间的共享和合作。[65] 同时，我国也主动地参与到包括联合国和各类国际多边组织主导的全球国际跨境数据规则中，比如正在谈判过程中的《数字经济伙伴关系协定》。[66] 这些都是我国更加重视网络主权的表现，以期在基础架构层面进一步提升国家的网络主权能力。

毕竟，从国际政治的现实主义角度出发，如果说"弱国无外交"，那么对于难以置身数字时代之外的全球各国而言，如果故步自封、自甘沦为数据弱国，恐怕也很难谈得上真正的网络主权。

注释

1. 《国家安全法》第 25 条规定："加强网络管理，防范、制止和依法惩治网络攻击、网络入侵、网络窃密、散布违法有害信息等网络违法犯罪行为，维护国家网络空间主权、安全和发展利益。"

2. 《网络安全法》第 1 条开宗明义："为了保障网络安全，维护网络空间主权和国家安全、社会公共利益，保护公民、法人和其他组织的合法权益，促进经济社会信息化健康发展，制定本法。"更早之前，2010年国务院新闻办公室发布的《中国互联网状况》白皮书中就已提出"互联网主权"这一说法，其完整表述是："互联网是国家重要基础设施，中华人民共和国境内的互联网属于中国主权管辖范围，中国的互联网主权应受到尊重和维护。"

3. 戴昕：《数据界权的关系进路》，载《中外法学》2021 年第 6 期；胡凌：《数据要素财产权的形成：从法律结构到市场结构》，载《东方法学》2022 年第 2 期。

4. Neil Walker, "Late Sovereignty in the European Union", in *Sovereignty in Transition* 6 (2003).

5. Stephen Krasner, *Sovereignty：Organized Hypocrisy*, Princeton University Press, 1999, pp. 3–4.

6. 关于媒介对传统领土主权冲击的讨论，参见［加］哈罗德·伊尼斯：《帝国与传播》，何道宽译，中国传媒大学出版社 2013 年版；［美］门罗·E. 普莱斯：《媒介与主权：全球信息革命及其对国家权力的挑战》，麻争旗译，中国传媒大学出版社 2008 年版。

7. 陈颀：《网络安全、网络战争与国际法——从〈塔林手册〉切入》，载《政治与法律》2014 年第 7 期。

8. 有关网络空间属性的讨论，参见 Julie Cohen, "Cyberspace as/and Space", 107 *Colum. L. Rev.* 210, 235—240 (2007)。

9. Jennifer Daskal, "The Un‐Territoriality of Data", 125 *Yale L. J.* 326 (2015).

10. 与之相关的两个概括网络平台政治经济地位的概念，是"总开关"和"数据殖民主义"。参见 Tim Wu, *The Master Switch：The Rise and Fall of Information Empires*, London：Atlantic Books, 2012；Nick Couldry and Ul-

ises Mejias, *The Costs of Connection: How Data are Colonizing Human Life and Appropriating it for Capitalism*, Palo Alto: Stanford University Press, 2019。

11. Frank Pasquale, "Two Visions for Data Governance: Territorial vs. Functional Sovereignty", in Anupam Chander, and Haochen Sun (eds), *Data Sovereignty: From the Digital Silk Road to the Return of the State*, Oxford University Press, 2023.

12. 同上注。

13. ［美］劳伦斯·莱斯格：《代码 2.0：网络空间中的法律》，李旭、沈伟伟译，清华大学出版社 2018 年版；胡凌：《数字架构与法律：互联网的控制与生产机制》，北京大学出版社 2024 年版。

14. 在理论传统上，主权概念本身也并非完全与政府绑定。参见庞亮：《谁是执行权的主体：霍布斯与卢梭论主权与政府的分离》，载《北大政治学评论》2023 年第 1 期。

15. James Boyle, "Foucault in Cyberspace: Surveillance, Sovereignty, and Hardwired Censors", *66 U. Cin. L. Rev. 177* (1997); Matthew Hindman, *The Internet Trap*, Princeton University Press, 2018, p. 176.

16. Dep't of Def., Department of Defense Strategy for Operating within Cyberspace, July 2011, available at http://www.defense.gov/news/d20110714cyber.pdf.

17. 正如劳伦斯·莱斯格很早就观察到的，网络主权呈现出一种竞争动态，竞争的双方就是政府与平台。参见［美］劳伦斯·莱斯格：《代码 2.0：网络空间中的法律》，李旭、沈伟伟译，清华大学出版社 2018 年版，第 11 章。

18. Seth Kreimer, "Censorship by Proxy", 155 *U. Pa. L. Rev.* 11, 27–29 (2006); Jack Balkin, "Virtual Liberty", 90 *Va. L. Rev.* 2043, 2095–2098 (2004).

19. Kate Klonick, "The New Governors", 131 *Harv. L. Rev.* 1598 (2018); Ganesh Sitaraman, "Deplatforming", 133 *Yale L. J.* 497 (2023); Andrew Keane Woods, "Public Law, Private Platforms", *107 Minn. L. Rev. 1249* (2023).

20. Jack Goldsmith and Tim Wu, *Who Controls the Internet? Illusions of a Borderless World*, Oxford University Press, 2006.

21. ［荷］格劳秀斯：《捕获法》，张乃根等译，上海人民出版社 2006

年版。

22. Renata Avila Pinto, "Digital Sovereignty or Digital Colonialism", 27 *SUR-INT'L J. HUM. RTS.* 15, 23-24 (2018); Julie E. Cohen, *Between Truth and Power: The Legal Constructions of Informational Capitalism*, Oxford University Press, 2019, p. 51.

23. 网络分层存在不同理论模型，其中最主流的是三层模型（物理层、代码层和内容层）和七层模型（OSI 标准，分别是物理层、数据链路层、网络层、传输层、会话层、表示层和应用层）。本章并不旨在做出技术细节分析，出于法律理论讨论便利，采用了绝大多数网络法学者使用的三层模型。

24. 比如著名的 TCP/IP 协议，当然它本身也是一个包含链路层、传输层、应用层等的分层协议。

25. ［美］劳伦斯·莱斯格：《思想的未来》，李旭译，中信出版社 2004年版，第 23 页；赵晓力：《网游规管的新思路》，载《21 世纪商业评论》2005 年第 10 期；Yochai Benkler, *The Wealth of Networks: How Social Production Transforms Markets and Freedom*, Yale University Press, 2006, p. 392.

26. ［瑞典］卡尔·贝内迪克特·弗雷：《技术陷阱：从工业革命到 AI 时代，技术创新下的资本、劳动与权力》，贺笑译，民主与建设出版社2021 年版。

27. See Staff and Agencies, "Landmark Ruling against Yahoo!", in Nazi Auction Case, *The Guardian*, Nov. 20, 2000.

28. See Case C-18/18, Glawischnig-Piesczek v. Facebook Ireland Ltd., ECLI：EU：C：2019：821, ¶12, Oct. 3, 2019.

29. 左亦鲁：《国家安全视域下的网络安全——从攻守平衡的角度切入》，载《华东政法大学学报》2018 年第 1 期。

30. 刘晗、叶开儒：《网络主权的分层法律形态》，载《华东政法大学学报》2020 年第 4 期。

31. Joshua, Keating, Why the U. S. Government Took Down Dozens of Iranian Websites This Week, June 24, 2021, https：//slate. com/technology/2021/06/presstv-iranian-websites-justice-department-seizure. html.

32. 泽字节，英文 ZettaByte，1 泽字节约等于 1 万亿 GB。数据来源：世界银行，《2023年数字化进展和趋势报告》，2024年3月5日。

33. 胡凌：《数据要素财产权的形成：从法律结构到市场结构》，载《东方法学》2022年第2期。

34. Lauren Henry Scholz, "Big Data Is Not Big Oil: The Role of Analogy in the Law of New Technologies", 86 *Tenn. L. Rev.* 863, 875 (2019).

35. 丁晓东：《数据交易如何破局——数据要素市场中的阿罗信息悖论与法律应对》，载《东方法学》2022年第2期。

36. Oren Bracha and Frank Pasquale, "Federal Search Commission? Access, Fairness, and Accountability in the Law of Search", 93 *Cornell L. Rev.* 1149, 1180-1181 (2008).

37. 在大数据驱动的人工智能时代中，数据既涉及物理层（数据存储等）、内容层（数据信息保护等），更是在极度依赖数据的人工智能技术背景下，一跃成为代码层控制的基础。

38. ［美］爱德华·斯诺登：《永久记录：美国政府监控全世界网络信息的真相》，萧美惠、郑胜得译，民主与建设出版社2019年版，第7页。

39. Viktor Mayer-Schönberger, Access Rules: *Freeing Data from Big Tech for a Better Future*, University of California Press, 2023.

40. 最为显著的表现是数据本地化（Data Localization）。数据本地化要求强调所有数据在存储时必须限定在某个国家的领土范围内。数据弱国通常期待通过这一措施能加强监管治理，不会因为数据的虚拟性质和跨境流动而使得国家在数据治理过程中力不从心。

41. 有关各国网络主权立场综述，参见黄志雄、罗旷怡：《各自为"辩"：网络空间新近国家立场声明的总体考察与中国因应》，载《云南社会科学》2023年第6期。

42. 例如，韩国地图数据出口禁令，就严重阻碍韩国开发可穿戴设备、自动驾驶汽车等网络服务的发展。参见 Anupam Chander and Uyên P. Lê, "Data Nationalism", 64 *Emory L. J.* 677, 727 (2015)。

43. Peter W. Singer and Allan Friedman, "Shiver My Interwebs: What Can (real) Pirates Teach Us about Cybersecurity?", *Slate*, January 1, 2014.

44. 其他国家关于网络主权的主要实践也由于基础架构能力不足而以消极网络主权为主。参见世界互联网大会：《网络主权：理论与实践4.0》，2023年。

45. Anupam Chander and Haochen Sun, "Sovereignty 2.0", 55 *Vand. J. Transnat'l L.* 283, 301 (2022).

46. See Remarks for TABC Conference: Perspectives on the EU's Digital Single Market Strategy-The Transatlantic Perspective, U. S. MISSION TO THE EUROPEAN UNION (Sept. 15, 2015).

47. Frank Pasquale, *The Black Box Society*, Harvard University Press, 2015, pp. 49 - 50; Gillian E. Metzger, "Privatization as Delegation", 103 *Colum. L. Rev.* 1367 (2003).

48. Yochai Benkler, "A Free Irresponsible Press: Wikileaks and the Battle over the Soul of the Networked Fourth Estate", 46 *HARV. C. R. - C. L. L. REV.* 311 (2011).

49. 有关《爱国者法案》的讨论及其背后的美国强化国家监控的整体考察,参见 Shoshana Zuboff, *The Age of Surveillance Capitalism*, Profile Books, 2019, pp. 1—5; Matthew Hindman, *The Internet Trap*, Princeton University Press, 2018, p. 176。

50. 强世功:《帝国的司法长臂——美国经济霸权的法律支撑》,载《文化纵横》2019 年第 2 期。

51. 例如,欧盟语境下的数字主权强调的是"保护性机制和促进数字创新的防御性工具"这两大方面,均属于消极网络主权的范畴。参见 Communication from the Commission to the European Parliament, the Council, Digital Sovereignty for Europe (July, 2020), https://www.europarl.europa.eu/RegData/etudes/BRIE/2020/651992/EPRS _ BRI (2020) 651992_EN. pdf。

52. 欧盟并非无视数据流通的重要性,因此,这里的限制流动主要是针对欧盟境外的数据流通。就欧盟内部而言,欧盟也是在其内部探索相关促进流通措施,比如,2020 年欧盟委员会通过的《欧洲数据战略》就指出,欧盟"没有足够的数据可用于创新再利用,包括人工智能的开发",因此提议成员国设法建立数据池。Communication from the Commission to the European Parliament, the Council, the European Economic and Social Committee and the Committee of the Regions on a European Strategy for Data, COM (2020) 66 final (Feb. 19, 2020).

53. 当然,在欧盟内部,欧盟在关键领域也尝试通过建立"数据池",来降低欧盟人工智能研究人员获得训练数据的成本。否则，鉴于当前欧洲在数据流通领域的限制规则，欧盟内部人工智能研究获取数据成本太高。

54. American Chamber of Commerce to the European Union, Transatlantic Data Flows：Time for a Sustainable Framework，May 23, 2023.

55. Camille Ford, The EU－US Data Privacy Framework is a sitting duck，CEPS, Feb. 23, 2024.

56. 张新宝、许可:《网络空间主权的治理模式及其制度构建》，载《中国社会科学》2016 年第 8 期。

57. 吴玄:《云计算下数据跨境执法：美国云法与中国方案》，载《地方立法研究》2022 年第 3 期。

58. 数据规制措施需要做到不多不少刚刚好，这在技术发展迅速的当下极其难以实现。Stefan Sigg, The Impact of Data Sovereignty on Integration Strategy Requires a 'Goldilocks' Solution, January 3, 2024.

59. 国家互联网信息办公室,《数字中国发展报告（2022 年）》，2023 年 5 月 23 日。

60. 中国互联网络信息中心（CNNIC），第 53 次《中国互联网络发展状况统计报告》，2024 年 3 月 22 日。

61. Mathew Burrows and Julian Mueller－Kaler, Smart Partnerships amid Great Power Competition：AI, China, and the Global Quest for Digital Sovereignty，Atlantic Council, January 2021.

62. 参见本章第三部分。

63. Ashwin Acharya and Brian Dunn，"Comparing U. S. and Chinese Contributions to High－Impact AI"，Center for Security and Emerging Technology，January 2022.

64. 许可:《数据要素市场的法律建构：模式比较与中国路径》，载《法学杂志》2023 年第 6 期。

65. 彭岳:《数字丝绸之路跨国法律秩序的建构与完善》，载《中国法学》2024 年第 3 期。

66. 王楚晴:《申请加入 DEPA 背景下中国数据治理的相容性审视及优化路径》，载《太平洋学报》2023 年第 3 期。

后记

这本书是我近五年来网络规制研究的一个小集结。回看最早几篇，不禁生疑：这文章真的是我写的吗？再看下去，也确实是我写的。

然而，我不会怀疑的是，这本书是从明理楼的"网络规制法"课程开始的。那还是在 2008 年，当时网络法的境遇和现如今大不相同，属于冷门绝学，这门课自然也没什么人选。两位老师，三位学生，它或许是清华法学院师生比最高的一门课。两位老师，是赵晓力老师和李旭老师。

我有幸成为三位选课学生之一，另外两位是左亦鲁和杨慧磊。课堂实况并非像账面那般冷清，老师们的研究生也来旁听，还有几位北大同学，刚好围一桌。可以说，如果没有这次课，没有两位老师的启蒙，我就不会走进网络法研究的世界，自然也不可能有这本书。后来，几篇结课论文都发表在当年的《互联网法律通讯》之上。这本刊物早已停刊，但求知的种子已经播下。再后来，我博士毕业入职中国政法大学，开设的第一门新课，也叫"网络规制法"。

各位师友、各位编辑、各位读者，谢谢你们！

沈伟伟
2024 年春 于蓟门桥